家電製品協会 認定資格シリーズ

家電製品
アドバイザー資格

問題&
解説集

2024年版

一般財団法人 **家電製品協会** 編

NHK出版

［ 目次 ］

（注）「QR コード」は、株式会社デンソーウェーブの
　　登録商標です。

本書に掲載した問題と解説の見方

【掲載問題】

「AV 情報家電」、「生活家電」、「CS・法規」の各問題は、過去に出題された試験問題をベースに、資格試験の主催者が各30 問を作成しています。

【解説の見方】

各科目の解説は、

　・重要部分をアンダーラインで表示

　・最も適切な語句を選択する問題の正解を 　　　 で表示

下記のテキストで、さらにしっかり学習しましょう。（「問題&解説集 2024年版」と同時発売）

● 家電製品協会 認定資格シリーズ　家電製品アドバイザー資格
AV情報家電　商品知識と取扱い　2024 年版

● 家電製品協会 認定資格シリーズ　家電製品アドバイザー資格
生活家電　商品知識と取扱い　2024 年版

● 家電製品協会 認定資格シリーズ　家電製品アドバイザー資格
CS と関連法規　2024 年版

AV情報家電
商品知識・取扱
問題&解説

問題 1 （ア）〜（オ）の説明文は、テレビ放送などについて述べたものである。
説明の内容が<u>正しいもの</u>は①を、<u>誤っているもの</u>は②を選択しなさい。

（ア） 地上デジタル放送などでは、1つの放送チャンネルで複数の番組を送ることができる。1つの放送チャンネル分の周波数帯域幅でハイビジョン放送を1番組、あるいは標準画質の放送を最大3番組まで同時に送ることが可能である。

（イ） 衛星放送で衛星から送信される電波には、直線偏波と円偏波の2種類がある。現在の124/128度CSデジタル放送では、偏波面が電波の進行する方向に向かって右回りに回転する右旋円偏波が使用されている。

（ウ） ケーブルテレビにおける地上デジタル放送の伝送方式には、パススルー方式とトランスモジュレーション方式などがある。トランスモジュレーション方式は変調方式を変換して伝送するため、地上デジタル放送などの視聴には、専用のセットボックスが必要である。

（エ） 地上デジタル放送は、現在UHFの470MHz〜710MHzの周波数帯で放送が行われており、ワンセグ放送を除く地上デジタル放送では、映像符号化方式としてMPEG-2 Videoが、音声符号化方式としてMPEG-2 AACが使用されている。

（オ） BSデジタル放送の4K放送では、映像符号化方式としてMPEG-H HEVC/H.265（HEVC）が採用されている。この方式は、MPEG-4 AVC/H.264と同じ圧縮率であるが、伝送速度が高速で、より高画質なため、BSデジタル放送の8K放送にも用いられている。

正解　（ア）　①　　　（イ）　②　　　（ウ）　①　　　（エ）　①　　　（オ）　②

解説 ▼

（ア）【○】問題文のとおり、1つのチャンネル分の周波数帯域幅で複数の番組を同時に送ることができ、これを「マルチ編成」と呼ぶ。例えば、スポーツ中継が放送時間内に終了しなかったとき、メインチャンネルで予定されていたニュース番組を時刻どおりに開始し、サブチャンネルでスポーツ中継を継続して放送することが可能である。

（イ）【×】衛星放送で衛星から送信される電波には、直線偏波と円偏波の2種類がある。現在の124/128度CSデジタル放送では、右旋円偏波ではなく、直線偏波が使用されている。

（ウ）【○】ケーブルテレビにおける地上デジタル放送の伝送方式には、パススルー方式とトランスモジュレーション方式がある。問題文のとおり、トランスモジュレーション方式では専用のセットボックスが必要になる。一方、パススルー方式には、「同一周波数パススルー方式」と「周波数変換パススルー方式」がある。ケーブルテレビ局ごとにそれぞれ伝送方式が決められているため、視聴に必要な機器を確認する必要がある。

（エ）【○】問題文は、ハイビジョン放送を行っている地上デジタル放送の説明である。地上デジタル放送は、UHFの電波により放送が行われているため、受信にはUHFのアンテナが必要になる。UHFの電波を使用することで、マルチパス障害（ゴースト）に強く、安定した映像・音声の受信が行え、さらには単一周波数ネットワーク（SFN）による周波数の有効活用が可能になった。

（オ）【×】BSデジタル放送の4K放送では、映像符号化方式としてMPEG-H HEVC/H.265（HEVC）が採用されている。この方式は、ワンセグ放送の映像符号化などに用いられるMPEG-4 AVC/H.264と同じ圧縮率ではなく、約2倍の高圧縮率を有し、同じデータ量であればMPEG-4 AVC/H.264より高精細な映像の伝送が可能なため、BSデジタル放送の8K放送にも用いられている。

問題 2

①～④の説明文は、テレビ受信機および関連する事柄について述べたものである。
説明の内容が誤っているものを１つ選択しなさい。

① HDR（High Dynamic Range）は、映像の記録やテレビでの表示などを含め、映像の輝度の幅を拡大させる技術である。BS デジタル放送の 4K 放送では、HDR の方式として HDR10 ＋が使用されている。

② デジタル映像信号の輝度・色差信号のフォーマットには、4:4:4 や 4:2:0 などがある。これらのフォーマットは、コンポーネント信号の「輝度信号」、「青色と輝度の色差信号」および「赤色と輝度の色差信号」の形式を規定したものである。4:2:0 のフォーマットは、人の視覚特性として輝度よりも色に対する感度が低いことを利用し、同じ映像の場合、4:4:4 に比べて少ないデータ量で映像を伝送できるフォーマットである。

③ リモコンにマイクロホンを搭載し、音声により映像コンテンツなどを検索できるテレビが販売されている。これらのテレビのなかには、付属のリモコンの音声検索ボタンを押してマイクロホンに話しかけることで、テレビ放送の番組やインターネット配信されている映像コンテンツなどを検索できるものがある。

④ 液晶ディスプレイなどのホールド型のディスプレイデバイスは、例えば、１秒間に 60 枚の画像を使用して動画を表示する場合、次の画像が表示されるまで前の画像を表示し続けるので残像が発生しやすい。この現象を改善するため、画像と画像の間にもう１枚の画像を疑似的に作って挿入し、残像を低減させる方式を採用したテレビが販売されている。

正解　①

解説 ▼

① 【×】HDR の方式として、<u>BS デジタル放送の 4K 放送（および 8K 放送）ではHDR10 ＋ではなく、HLG（Hybrid Log-Gamma）方式が用いられている。</u> HDR 映像に HDR10 ＋（および HDR10）やドルビービジョンの方式が採用されているのは、Ultra HD Blu-ray や 4K 映像コンテンツ配信である。

② 【○】YUV などとも呼ばれるデジタルの輝度・色差信号のフォーマットには、4:4:4 や 4:2:2、4:2:0 などがある。4:2:0 のフォーマットでは、<u>輝度信号（Y）は、縦と横の画素数と同じデータ量とするが、青色差信号（Pb/Cb）および赤色差信号（Pr/Cr）は、横と縦の両方を共に半分にして、さらにデータ量を減らしている。</u>

③ 【○】問題文にある機能を搭載したテレビのなかには、スマートスピーカーと同じようにさまざまな機器を操作できるテレビが販売されている。リモコン以外でも、<u>本体にマイクロホンを搭載したテレビの場合、テレビに直接話しかけることで、家の中のさまざまな機器の操作ができる。</u>

④ 【○】テレビ画像は、60 枚 / 秒で書き換えられるのが基本である。画像と画像の間にもう 1 枚の画像を疑似的に作って埋め込む「動画像補間技術」を用いて、毎秒 120 枚にして表示を行う。これにより、<u>画像の動きを滑らかにし、速い動きの映像の残像を低減させる技術が倍速駆動である。</u>この技術は、メーカーにより倍速表示、倍速技術などと呼ばれている。

（ア）〜（オ）の説明文は、AV機器に用いられるケーブルや端子、および
それらに関連する事柄について述べたものである。
説明の内容が<u>正しいもの</u>は①を、<u>誤っているもの</u>は②を選択しなさい。

（ア）　バランス接続に対応したヘッドホンは、左右（L/R）の音声信号の伝送路が別々
に分離されているため、バランス接続に対応したポータブルオーディオプレー
ヤーなどの機器と組み合わせて使用することで、左右の音声信号のクロストーク
低減に効果があるといわれている。

（イ）　HDMI の CEC（Consumer Electronics Control）とは、HDMI ケーブルで接
続された機器間のコントロールを行うための機能である。この機能は、BD/
HDD レコーダーのリモコンでレコーダーの電源を入れるとテレビの電源も入る
ワンタッチプレイや、テレビのリモコンでテレビの電源を切るとレコーダーの電
源も切れるシステムスタンバイなど、機器を連携させる操作に用いられている。

（ウ）　DLNA のガイドラインに対応した BD/HDD レコーダーとテレビを使用する
ことで、家庭内の LAN を利用して、テレビから離れた部屋に設置された
BD/HDD レコーダーに録画された映像コンテンツを視聴できるようになる。
DLNA を利用して著作権保護された地上デジタル放送の録画番組を視聴する
ためには、使用する機器が DLNA のガイドラインに加え、著作権保護技術の
HDCP（High-bandwidth Digital Content Protection）に対応している
必要がある。

（エ）　HDMI ケーブルの種類には、スタンダードタイプやハイスピードタイプ、プレミ
アムタイプなどがある。ハイスピード HDMI ケーブルは、HDMI 2.0 に準拠し
た 4K/60p と、HDMI 2.1 に準拠した 4K/120p の映像信号などの伝送に対応
することが、HDMI ケーブルの規格において必須条件となっている。

（オ）　HDMI 2.1 で規定された eARC（enhanced Audio Return Channel）の機能
では、eARC に対応したテレビ、AV アンプ、および HDMI ケーブルを使用す
ることで、ドルビーアトモスの音声をテレビから AV アンプに伝送できる。これ
により、例えば、テレビで見ているビデオオンデマンドの映像コンテンツのドル
ビーアトモスの音声を AV アンプとサラウンドスピーカーを使用して聴くこと
ができる。

正解　（ア）① 　（イ）① 　（ウ）② 　（エ）② 　（オ）①

解説▼

（ア）【○】ハイレゾ音源に対応したポータブルオーディオプレーヤーなどの高音質を追求した機器では、左右の音声信号が混ざり合って聴こえてしまうクロストークの低減などを目的にバランス接続に対応した機器が販売されている。バランス接続に対応した機器は、当初各メーカーがそれぞれ独自の接続方法の機器を販売しており互換性がなかったが、JEITA が 4.4mm の外形でバランス接続に対応した「ヘッドホン用バランス接続コネクタ」の規格を制定し、統一が進められている。

（イ）【○】HDMI の CEC とは、HDMI ケーブルを用いて機器間のコントロールを行うための機能であり、HDMI のバージョン 1.2a 以降から機器間の制御も可能になった。HDMI コントロールと呼ばれる CEC 規格に対応している場合、リモコンを使って HDMI 端子で接続されたテレビや BD/HDD レコーダー、AV アンプなどの機器間操作ができる。

（ウ）【×】DLNA を利用して著作権保護された地上デジタル放送の録画番組を視聴するためには、使用する機器が DLNA のガイドラインに加え、著作権保護技術の HDCP ではなく DTCP-IP（Digital Transmission Content Protection-IP）に対応している必要がある。

（エ）【×】HDMI ケーブルの認証プログラムにより認証されたハイスピードHDMI ケーブルは、10.2Gbps の伝送速度および HDMI 1.4 に準拠した4K/30P などの映像信号の伝送などに対応している。18Gbps の伝送速度および HDMI 2.0 に準拠した 4K/60p などの映像信号の伝送などに対応しているのは、プレミアムハイスピード HDMI ケーブルである。48Gbpsの伝送速度および HDMI 2.1 に準拠した 4K/120p の映像信号の伝送などに対応しているのは、ウルトラハイスピード HDMI ケーブルである。

（オ）【○】8K 映像の伝送などに対応するため、HDMI 2.1 が規格化された。機能名が eARC となり、オブジェクトベースのサラウンドオーディオ、最大 32ch までの非圧縮オーディオにも対応している。これにより、ドルビーアトモスや DTS:X などのオブジェクトベースのサラウンド音声の伝送が可能になった。

問題＆解説
問題集 1

問題 4 （ア）～（オ）の説明文は、4K テレビや 8K テレビ、4K 放送、8K 放送などについて述べたものである。
説明の内容が<u>正しいもの</u>は①を、<u>誤っているもの</u>は②を選択しなさい。

（ア） フルハイビジョン（2K）の画素数は水平 1920 ×垂直 1080 で、画面全体の画素数は約 207 万画素である。また、4K テレビの画面全体の画素数はフルハイビジョン（2K）の 4 倍で、8K テレビの画面全体の画素数はフルハイビジョン（2K）の 16 倍である。

（イ） 8K 放送は、BS デジタル放送の右旋円偏波を使用して行われている。そのため、8K 放送を視聴するには 8K チューナーを内蔵したテレビなどに、右左旋円偏波対応 BS・110 度 CS アンテナなどが必要である。

（ウ） 新 4K8K 衛星放送で採用されている映像符号化方式の MPEG-H HEVC/H.265（HEVC）は、BS デジタル放送で採用されている MPEG-2 Video と比べて約 4 倍、ワンセグ放送などに採用されている MPEG-4 AVC/H.264 の約 2 倍の圧縮率がある。

（エ） 4K テレビの最適視聴距離は、一般的に画面の高さの約 1.5 倍の距離といわれている。これは、4K テレビに搭載されたディスプレイの画素が目立たない最短の距離で、この距離の場合、水平視野角が約 110 度になり、広い視野で画面に映し出される映像を見ることができる。

（オ） 現在、110 度 CS デジタル放送では右旋円偏波による 4K 放送に加え、左旋円偏波による 4K 放送も行われている。

正解　（ア）　①　　（イ）　②　　（ウ）　①　　（エ）　②　　（オ）　②

解説▼

（ア）【〇】フルハイビジョン（2K）の画素数は水平 1920 ×垂直 1080 で、画面全体の画素数は約 207 万画素である。また、4K テレビの画素数は水平 3840 ×垂直 2160 で、画面全体の画素数は約 829 万画素である。さらに、8K テレビの画素数は水平 7680 ×垂直 4320 で、約 3316 万画素で、4K テレビおよび 8K テレビの画面全体の画素数は、それぞれフルハイビジョンの 4 倍、16 倍である。

（イ）【×】8K 放送は、BS デジタル放送の右旋円偏波を使用して行われているのではなく、BS デジタル放送の左旋円偏波を使用して行われている。BS デジタル放送（左旋円偏波）と 110 度 CS デジタル放送（左旋円偏波）の 4K 放送および BS デジタル放送の 8K 放送を受信する場合には、右左旋円偏波対応 BS・110 度 CS アンテナなどが必要である。

（ウ）【〇】新 4K8K 衛星放送で採用されている映像符号化方式の MPEG-H HEVC/H.265（HEVC）は、BS デジタル放送で採用されている MPEG-2 Video の約 4 倍、ワンセグ放送などに採用されている MPEG-4 AVC/H.264 の約 2 倍の圧縮率があり、4K の映像データ量を現在の BS デジタル放送と同等に抑えることが可能となる。

（エ）【×】テレビを見るときの最適な視聴距離と角画素密度には、密接な関係がある。角画素密度は、人がテレビを見るときの眼球の視角 1 度あたりの画素数を示している。テレビの画素が気になるか、ならないかの境界値（しきい値）は、一般的に角画素密度が視角 1 度あたり 60 画素といわれている。この角画素密度が 60 画素となる視聴距離を 55V 型のテレビにあてはめると、4K テレビの場合は視聴距離が約 1m になる。これは、画面の高さの約 1.5 倍の距離で、視野角（水平視野角）が約 60 度である。

（オ）【×】現在、110 度 CS デジタル放送では、左旋円偏波による 4K 放送は行われているが、右旋円偏波による 4K 放送は行われていない。BS デジタル放送では、現在、右旋円偏波による HD 放送と 4K 放送、および左旋円偏波による 4K・8K 放送が行われている。

（ア）～（オ）の説明文は、デジタルカメラおよび関連する事柄について述べたものである。

組み合わせ①～④のうち、<u>説明の内容が誤っているものの組み合わせ</u>を1つ選択しなさい。

（ア）　デジタル一眼レフカメラやミラーレス一眼カメラには、一般的にモードダイヤルを装備している。モードダイヤルの「A」または「Av」は、シャッタースピード優先で撮影するモードである。このモードでは、手動で設定したシャッタースピードに応じて、カメラが適正露出になるように自動で絞り値を設定して撮影する。

（イ）　撮像素子に使用されるCMOSセンサーの1つに、裏面照射型CMOSセンサーがある。このセンサーは、配線層が受光面の反対側に配置されているため、入射光が配線層に遮られることがなく、従来のCMOSセンサーと比べて感度が高い。

（ウ）　被写界深度は、ピントが合って見える範囲のことをいう。撮影時にピントを合わせた位置から、前後に距離が離れるほどピントがはずれてボケた状態になるが、手前から遠くまで、広い範囲でピントが合った状態を「被写界深度が深い」という。ピントが合っている範囲が狭く、その前後にボケて見える範囲が広い状態を「被写界深度が浅い」という。

（エ）　レンズの焦点距離と画角には密接な関係がある。焦点距離を変化させることができるズームレンズでは、焦点距離を長くすると画角は小さくなり、写る範囲は狭くなる。逆に、焦点距離を短くすると画角は大きくなり、写る範囲は広くなる。

（オ）　F値（絞り値）は、カメラレンズの明るさを表す指標である。レンズの絞りを最も開いた状態（全開）にしたときのF値を開放F値という。開放F値はレンズの明るさを表す指標で、一般的にこのときのF値が大きいほど明るいレンズといわれている。

【組み合わせ】
　①　（ア）と（オ）
　②　（イ）と（ウ）
　③　（ウ）と（オ）
　④　（エ）と（ア）

正解　①

解説 ▼

（ア）【×】デジタル一眼レフカメラやミラーレス一眼カメラには、一般的に
モードダイヤルが装備されている。モードダイヤルの「A」または「Av」
は、シャッタースピードではなく、絞り値優先で撮影するモードである。こ
のモードでは、手動で設定した絞り値に応じて、カメラが適正露出になるよ
うに自動でシャッタースピードを設定して撮影する。

（イ）【○】従来の表面照射型のCMOSセンサーでは、フォトダイオードの前
に配線がレイアウトされている。カラーフィルターを通過した入射光の一部
が配線によって遮られてしまい、その分フォトダイオードに光が当たる面積
も小さくなるため、裏面照射型が開発された。

（ウ）【○】被写界深度は、レンズの絞り値（F値）と関係があり、絞りを絞っ
てF値を大きくするほど被写界深度は深くなり、逆に絞りを開けてF値を
小さくするほど被写界深度は浅くなる。この関係を利用して、例えば花の咲
いた花壇の中に人物がいる場合、人物だけにピントを合わせ周囲の花をぼか
した写真を撮るには、絞りを開けて被写界深度の浅い状態で撮影すればよい
ことになる。

（エ）【○】レンズの焦点距離と画角の関係は、問題文のとおりである。一般的
に、人間の視野角に近いといわれる焦点距離が50mmのレンズを標準レン
ズと呼ぶ。また、焦点距離fの数値が大きくなるほど望遠〜超望遠のレンズ、
逆に数値が小さくなるほど広角〜超広角のレンズになる。

（オ）【×】F値（絞り値）は、カメラレンズの明るさを表す指標である。レン
ズの絞りを最も開いた状態（全開）にしたときのF値を開放F値という。開
放F値はレンズの明るさを表す指標で、一般的にF値が大きいではなく、小
さいほど明るいレンズといわれている。

13

| 問題
6 | ①～④の説明文は、プリンターおよび関連する事柄について述べたものである。
説明の内容が<u>誤っているもの</u>を１つ選択しなさい。 |

① シアン、マゼンタ、イエローの３色のインクと黒のインクを用いて、さまざまな色を表現するインクジェット方式のプリンターでは、シアンとイエローのインクを使用してグリーン（緑色）を表現できる。

② インクジェット方式のプリンターで用いられるインクの種類には、顔料インクと染料インクがある。顔料インクには、紙に浸透しにくく表面にインクが残る性質がある。一方、染料インクは、インクが紙に浸透しやすく、光沢紙の光沢感を出す場合のように、紙の表面の質感を生かした印刷に向いている。

③ デジタルカメラで撮影した写真をプリンターで印刷するには、パソコンに写真データを取り込んでから印刷する方法や、USB ケーブルでデジタルカメラとプリンターを直接接続して印刷する方法などがある。デジタルカメラとプリンターにPictBridge 機能を搭載していれば、画質を自動的に最適化して印刷することができる。

④ プリンターのなかには、Wi-Fi Direct に対応したものがある。無線 LAN の環境がない場合でも、一般的に、Wi-Fi Direct に対応したプリンターであれば、スマートフォンと Wi-Fi Direct で接続し、専用アプリなどを利用してスマートフォンに保存されている写真などを印刷できる。

解説 ▼

① 【○】カラーインクジェットプリンターでは、シアン、マゼンタ、イエローおよびこれらの3色の重なりでは表現しにくいブラックのインクを用いて、さまざまな色表現をしている。シアンとイエローのインクを使用するとグリーン（緑色）を表現できる。青色（ブルー）を表現する場合は、シアンとマゼンタのインクを使用する。

② 【○】顔料インクは水に溶けない色材を使用しており、紙に浸透しにくく表面にインクが残る性質がある。色の分子の結び付きが強いので、色あせしにくく耐光性、耐水性、耐オゾン性に優れる。水にぬれてもあまりにじまない。一方、染料インクは水に溶ける色材を使用しており、紙に浸透しやすく、光沢紙の光沢感を出す場合のように、紙の表面の質感を生かした印刷に向いている。また、鮮やかな発色を特徴としている。

③ 【×】PictBridge は、デジタルカメラの液晶モニターで確認しながら操作ボタンを用いて、プリントする写真、枚数、プリントサイズ、用紙の種類などを選んで印刷できる機能である。画質を自動的に最適化して印刷することができるのは、Exif Print 機能である。

④ 【○】Wi-Fi Direct に対応したプリンターであれば、スマートフォンとWi-Fi Direct で接続し、専用アプリなどを利用してスマートフォンに保存されている写真などを印刷できる。この場合、スマートフォンとプリンターは、直接無線接続される。

①～④の説明文は、プロジェクターやサラウンドシステムなどについて述べたものである。

説明の内容が<u>誤っているもの</u>を１つ選択しなさい。

①　Auro-3D は、立体音響に対応したサラウンドフォーマットの１つである。このフォーマットは 3D 音響でありながら、オブジェクトベースではなく、チャンネルベースのサラウンドフォーマットを採用しているのが特徴である。

②　プロジェクターに用いられる映像表示デバイスの種類には、透過型液晶パネルや反射型液晶パネル、DMD（Digital Micromirror Device）などがある。さらにプロジェクターの光源の中には、ランプではなく、レーザー光源を用いるプロジェクターもある。

③　ドルビーアトモス方式の録音・再生には、チャンネルベースのサラウンドフォーマットが採用されている。この方式では、例えば「5.1.4」の音声を録音する場合、10 台のスピーカーから出す音をそれぞれのチャンネルとして、合計 10 チャンネル分を録音している。再生時には、この 10 チャンネルの音を 10 台のスピーカーからそれぞれ再生することにより、「5.1.4」のサラウンドの音場を作り出している。

④　5.1ch サラウンドのシステムで複数のスピーカーを設置する場合、サラウンドの音場を適切に再現するため、フロントスピーカー（左 / 右）、リアスピーカー（左 / 右）、センタースピーカーに加え、サブウーファーの合計６台のスピーカーを使用するのが基本である。

正解　③

解説▼

① 【○】Auro-3D は、Auro Technologies が開発した３次元のサラウンドフォーマットである。ドルビーアトモスや DTS:X などと異なり、3D 音響でありながらチャンネルベースのサラウンドフォーマットを用いているのが特徴である。また、ドルビーアトモスや DTS:X が映画館での 3D 音響から発展したのに対し、Auro-3D はコンサートホールでのクラシック音楽や教会でのオルガン演奏などをリアルに再現する観点から開発された技術である。

② 【○】プロジェクターに用いられる映像表示デバイスの種類には、透過型液晶パネル、反射型液晶パネルや DMD などがある。光源には一般に高圧水銀ランプが用いられるが、レーザーや LED（発光ダイオード）を用いるプロジェクターもある。

③ 【×】ドルビーアトモス方式の録音・再生には、チャンネルベースではなく、オブジェクトベースのサラウンドフォーマットが採用されている。この方式では、個別の音（動物の鳴き声、乗り物の音や人の声など）をオブジェクトとして捉え、それぞれのオブジェクトの音に加え位置情報などもデータとして記録している。再生時には、これら記録したデータを基にして最適な状態で立体音響を再生できるように調整している。

④ 【○】このシステムでは、代表例として各スピーカーを次のように配置する。

・フロントスピーカーは、AV システムのメインとなるスピーカーで、左用（L）と右用（R）がディスプレイを挟んで対称となるように配置する。

・センタースピーカーは、前方中央に定位する音を受け持つスピーカーで、ディスプレイの下側の中央など、できるだけディスプレイに近い位置に設置する。

・サブウーファーは、重低音を受け持つスピーカーで、重低音は音像の定位にあまり影響しないため、比較的自由な位置に設置できる。

・リアスピーカーは、後方用で、左用（L）と右用（R）が対称となるように配置する。

問題&解説
問題集 1

問題 8

（ア）〜（オ）の説明文は、オーディオ機器、電波を使って放送を行うラジオ放送などについて述べたものである。
説明の内容が<u>正しいもの</u>は①を、<u>誤っているもの</u>は②を選択しなさい。

（ア）　FM 補完放送とは、電波環境による難聴対策や災害対策のために、中波（MF）の電波を使って行われている AM 放送を補完する放送として、同じ地域で同じ放送番組を超短波（VHF）の電波を使って行う FM 放送のことである。

（イ）　オーディオ用のスピーカーボックス（エンクロージャー）には、いくつかの種類がある。その 1 つであるバスレフ型は、スピーカーボックスにスピーカー以外に開口部がなく、密閉された構造により低音域を増強させる方式である。

（ウ）　アナログレコードの LP レコードや EP レコードを MM（Moving Magnet）型カートリッジを使用して再生する場合、周波数特性の補正が必要である。この補正には、低音域のレベルを上げ、高音域のレベルを下げるフォノイコライザーと呼ばれる回路が用いられる。

（エ）　FM 放送の変調方式は、音声信号の大きさの変化を電波の周波数の変化に変換して送信する周波数変調方式である。また、AM 放送の変調方式は、音声信号の大きさの変化を電波の振幅の変化に変換して送信する振幅変調方式である。

（オ）　オーディオ機器の性能を表す場合などに使用される SN 比は、信号と雑音の比を示したものである。一般的に「dB」で表示され、数値が小さいほど、信号に対する雑音が小さいことを示している。

正解 （ア）①　（イ）②　（ウ）①　（エ）①　（オ）②

解説▼

（ア）【○】従来から超短波の76MHz～90MHzの周波数帯で、外国波混信や地理的・地形的難聴の対策としてFM補完放送が一部の地域で行われていた。2012年の地上テレビ放送のデジタル化に伴い、終了した地上アナログ放送が使用していたV-Lowの周波数帯（90MHz～108MHz）の90MHz～94.9MHzの周波数帯をFM補間放送（ワイドFM）で利用できるようになった。

（イ）【×】オーディオ用スピーカーボックスには、いくつかの種類がある。その1つであるバスレフ型は、スピーカーボックスに開口部を設け、開口部につながるダクトを利用して低音域を増強させる構造のスピーカーボックスである。なお、問題文の密閉された構造のスピーカーボックスは密閉型である。

（ウ）【○】アナログレコードでは、音声信号をそのまま記録すると、周波数の高低によって溝のカッティング幅が大きく変動し、録音時間が短くなってしまう。そこで面積の決まったレコードの盤面を有効活用するため、RIAAが決めたルールに従い、録音時に低音域を下げ、高音域を上げることで、狭い幅の溝に多くの音声情報を記録できるようにしている。再生する場合、規格に基づいた周波数補正を行うフォノイコライザーが必要である。

（エ）【○】FM放送は、問題文のとおり周波数変調方式を採用しているため、混信や外部からのノイズ（電気ノイズ）の影響を受けにくく、使われているVHF（超短波）は、通常の場合、電離層では反射しにくい性質がある。AM放送に使われているMF（中波）は、昼間はほとんど電離層で反射されないため、比較的近距離だけに届くが、夜になると電離層で反射してかなり遠くまで電波が届く。これにより、夜間には遠方の放送が受信可能になる反面、混信やフェージング現象など受信障害の原因となることがある。

（オ）【×】オーディオ機器の性能を表すSN比とは、Signal（信号）とNoise（雑音）の比を対数（log）で示したものである。単位は「dB」（デシベル）で、数値が小さいほど雑音に対する信号が小さいこと、すなわち信号に対する雑音が大きいことを示す。「数値が小さいほど、信号に対する雑音が小さい」が誤りである。

<table>
</table>

問題 9　（ア）～（オ）の説明文は、防じんおよび防水について述べたものである。説明の内容が<u>正しいもの</u>は①を、<u>誤っているもの</u>は②を選択しなさい。

（ア）　防じん・防水の保護等級を表す IP（International Protection）コードでは、「第一特性数字」が危険な箇所への接近および外来固形物（固形物や粉じん）に対する保護等級を表している。

（イ）　保護等級を表す IP コードの IP6X に対応した機器は、一般的に「耐じん形」とも呼ばれ、じんあい（塵埃）の侵入があってはならないと規定されている。

（ウ）　保護等級を表す IP コードの IP4X に対応した機器は、一般的に「防じん形」とも呼ばれる。じんあい（塵埃）の侵入を完全に防止することはできないが、電気機器の所定の動作および安全性を阻害する量のじんあいの侵入があってはならないと規定されている。

（エ）　保護等級を表す IP コードの IPX4 に対応した機器は、一般的に「生活防水」とも呼ばれ、あらゆる方向からの水の飛まつによっても有害な影響を及ぼしてはならないと規定されている。

（オ）　保護等級を表す IP コードの IPX6 に対応した機器（機器の高さが 85cm に満たないもの）は、水深 1m の水中に 30 分間沈めたとき、有害な影響を生じる量の水の浸入があってはならないと規定されている。

正解　（ア）　①　　（イ）　①　　（ウ）　②　　（エ）　①　　（オ）　②

解説▼

（ア）【○】防じん・防水の保護等級を表すIPコードは、日本産業規格JIS C 0920「電気機器器具の外郭による保護等級（IPコード）」で規定されている。IPコードは、コード文字「IP」とそれに続く0〜6の数字または文字Xで表す「第一特性数字」と、その次の0〜8の数字または文字Xで表す「第二特性数字」で構成されている。

（イ）【○】IP6Xに対応した機器は、一般的に「耐じん形」とも呼ばれ、じんあい（塵埃）の侵入があってはならないと規定されている。ただし、外部に付着していた砂粒などが、電池のふたやメモリーカード挿入部のふた、CD挿入部のふたなどを開けたときに入ることが考えられるため、耐じん型では、基本的に使用中に砂粒などは入らないが、機器の取り扱いについては注意する必要がある。

（ウ）【×】IP4Xに対応した機器は、直径1.0mmの固形物プローブが内部に全く侵入してはならないと規定されている。また、一般的に「防じん形」とも呼ばれ、じんあい（塵埃）の侵入を完全に防止することはできないが、電気機器の所定の動作および安全性を阻害する量のじんあいの侵入があってはならないと規定されているのは、IP5Xに対応した機器である。

（エ）【○】「生活防水」は「防まつ形」とも呼ばれる。防雨形よりさらに厳しく、雨にぬれたり、シャワーなどがかかったりしても使用できるよう、あらゆる方向からの水しぶきに耐えなければならない。散水ノズルを使った測定では、保護等級3の防雨型と同じ条件で散水するが、上部からだけでなく左右、下部まで360度、あらゆる方向から行う。

（オ）【×】IPX6に対応した機器は、一般的に「耐水形」とも呼ばれ、あらゆる方向からのノズルによる強力なジェット噴流水によっても有害な影響を及ぼしてはならないと規定されている。また、機器（機器の高さが85cmに満たないもの）を、水深1mの水中に30分間沈めたとき、有害な影響を生じる量の水の浸入があってはならないと規定されているのは、IPX7に対応した機器である。

（ア）～（オ）の説明文は、電話機および関連する事柄について述べたもの
である。
説明の内容が<u>正しいもの</u>は①を、<u>誤っているもの</u>は②を選択しなさい。

（ア）　DECT 準拠方式コードレス電話機の子機で通話中に、110 度 CS デジタル放送
の一部のチャンネルで、テレビの画面にブロックノイズが発生する場合がある。
その原因の 1 つとして、110 度 CS デジタル放送の受信伝送路への DECT 準拠
方式コードレス電話機の電波の混入が考えられる。

（イ）　5G の通信サービスで使用される通信方式には、NSA（Non-Standalone）と
SA（Standalone）がある。NSA は、スマートフォンなどの端末機器の位置登
録に使用される制御信号などを 4G の基地局と 4G コアネットワークで通信し、
高速性が必要な通信データは、5G 基地局と 4G コアネットワークを主に使用し
て通信する方式である。

（ウ）　音声通話サービスの 1 つである「VoLTE（HD ＋）」は、音声周波数帯域が約
50Hz ～ 14.4kHz と VoLTE（Voice over LTE）に比べて広く、より高音質
な通話ができる特徴がある。

（エ）　携帯電話やスマートフォンは、各種の周波数帯の電波を使用している。プラチナ
バンドなどとも呼ばれる 2.1GHz 帯の電波は、より周波数の低い 900MHz 帯
の電波に比べて障害物の影響を受けにくい性質があり、ビルの内部などでも電波
が届きやすいといわれている。

（オ）　キャリアアグリゲーションとは、基地局やスマートフォンなどの端末にある複数
のアンテナを使い、同じ周波数帯で複数の伝送路を設け、同時に通信することで
データ通信速度を高速化する技術である。

正解　（ア）①　　（イ）①　　（ウ）①　　（エ）②　　（オ）②

解説▼

（ア）【○】2.4GHz帯のデジタルコードレス電話は、同じ周波数帯を使用する<u>無線LANや電子レンジなどとの電波干渉により、雑音が入ることや音声がとぎれることがあった</u>が、1.9GHz帯を用いたDECT準拠方式コードレス電話機では、一般的に、それらの機器からの影響を受けない。逆に、110度CSデジタル放送の一部のチャンネルで、テレビの画面にブロックノイズが発生する場合がある。その原因の1つとして、110度CSデジタル放送の受信伝送路へのDECT準拠方式コードレス電話機の電波の混入が考えられる。

（イ）【○】5Gスマートフォンが制御信号とデータを通信する形態として、<u>5G通信網の立ち上げ時に4Gコアネットワークと4G基地局および5G基地局を組み合わせて運用する方式をNSA方式と呼ぶ。</u>このNSA方式には、データ通信の高速化のため、5G基地局と4G基地局を併用してデータを通信する方式もある。

（ウ）【○】<u>VoLTEとは、Voice over LTEの略で、データ通信用に開発されたLTEを利用し、音声をデータ（IPパケット）化して通話を行う、主にスマートフォン向けに行われているサービス</u>である。通話時の音声周波数帯域が約50Hz～8kHzに対し、「VoLTE（HD＋）」は約50Hz～14.4kHzと広く、通信時の音声周波数帯域の広い音声通信サービスである。したがって、より高音質な通話ができる特徴がある。

（エ）【×】問題文の周波数帯の前後が逆になっている。携帯電話やスマートフォンは、各種の周波数帯の電波を使用している。<u>プラチナバンドなどとも呼ばれる700MHz～900MHz帯の電波は、より周波数の高い2.1GHz帯の電波に比べて障害物の影響を受けにくい性質があり、ビルの内部などでも電波が届きやすいといわれている。</u>

（オ）【×】問題文は、MIMOについての説明である。<u>キャリアアグリゲーションとは、LTEで使用されている電波の周波数帯のうち、異なる複数の周波数をまとめて同時に使用することにより、通信の高速化を可能にする技術</u>である。

（ア）～（オ）の説明文は、ネットワークおよび関連する事柄について述べたものである。
説明の内容が<u>正しいもの</u>は①を、<u>誤っているもの</u>は②を選択しなさい。

（ア） Bluetooth LE Audio は、Bluetooth 5.2 で採用された新しいオーディオに関する仕様である。標準の音声コーデックには LDAC が採用されており、高音質で低消費電力などの特徴がある。

（イ） IPv4 に対応したネットワーク環境において、ルーターが LAN ケーブルなどで接続されたネットワーク機器に、IP アドレスを自動的に割り当てる機能を DHCP サーバー機能という。一般的に、「192.168.」で始まる IP アドレスを割り当てることが多い。

（ウ） NTT の NGN（Next Generation Network）を利用した、IPv6 によるインターネット接続の方式の 1 つとして、IPv6 IPoE がある。この方式では、ユーザー ID とパスワードを使用せずに ISP（Internet Service Provider）が指定した VNE（Virtual Network Enabler）と呼ばれるネイティブ接続事業者と NGN 網を介して直接接続し、IPv6 環境のインターネットとの接続を行っている。

（エ） IEEE802.11ac などに採用されている「チャンネルボンディング」は、無線 LAN 機器から送信する複数の電波の出力と位相を受信側機器の位置に応じて制御することで、受信側機器の場所での電波の強さを高め、通信品質を向上させる技術である。この技術は、無線 LAN ルーターからスマートフォンなどの子機への通信などに使われている。

（オ） 家庭内 LAN などで使用される LAN ケーブルには、伝送性能などを表すカテゴリーと呼ばれる規格がある。カテゴリー 5e やカテゴリー 6 の LAN ケーブルは、1Gbps の伝送速度に対応している。

正解　（ア）②　（イ）①　（ウ）①　（エ）②　（オ）①

解説 ▼

（ア）【×】Bluetooth LE Audio は、Bluetooth 5.2 から盛り込まれた新しいオーディオに関する仕様である。これにより、従来の Bluetooth のオーディオ仕様は Classic Audio と呼ばれるようになった。従来の Classic Audio では、標準のオーディオコーデック（音声符号化方式）として SBC を使用していたが、Bluetooth LE Audio では、新しく高音質で低消費電力が特徴の LC3（Low Complexity Communication Codec）を採用した。LDAC は、Bluetooth を利用した高音質再生のための音声圧縮方式である。

（イ）【〇】IPv4 に対応したネットワーク環境では、家庭などの LAN（ローカルエリアネットワーク）に使われるルーターは、DHCP サーバー機能を備えている。テレビや BD/HDD レコーダーなどのインターネットに接続できる機器は、通常 IP アドレスを自動取得する設定になっている。

（ウ）【〇】NTT の NGN を利用する場合、IPv6 によるインターネット接続の方式の1つとして、IPv6 IPoE（ネイティブ方式）および IPv6 PPPoE（トンネル方式）がある。ネイティブ方式では、ユーザー ID とパスワードを使用せずに ISP が指定した VNE と呼ばれるネイティブ接続事業者と NGN 網を介して直接接続し、IPv6 環境のインターネットとの接続を行っている。これは、IPv6 インターネット接続として、現在主流になりつつある方式である。

（エ）【×】IEEE802.11ac などに採用され、無線 LAN 機器から送信する複数の電波の出力と位相を受信側機器の位置に応じて制御することで、受信側機器の場所での電波の強さを高め、通信品質を向上させる技術は、「チャンネルボンディング」ではなく「ビームフォーミング」である。通常のルーターは電波をどの方向にも同じ出力で発信するが、ビームフォーミング機能に対応したルーターは、スマートフォンなどの受信機側での電波の強度が高くなるよう制御が行われている。

（オ）【〇】家庭内 LAN などで使用される LAN ケーブルには、伝送性能などを表すカテゴリーと呼ばれる規格がある。契約したインターネット回線の最大通信速度を基にして、家庭内に敷設する LAN ケーブルは、適切なカテゴリーのものを選択する必要がある。

問題
12

①～④の説明文は、ビデオカメラやネットワークカメラ、ドライブレコーダーについて述べたものである。
説明の内容が<u>誤っている</u>ものを１つ選択しなさい。

① AVCHD Ver.2.0 は、ビデオカメラなどで水平 1920 ×垂直 1080/60p のフルHD（2K）映像などを記録するための規格である。映像符号化方式には MPEG-4 AVC/H.264 が用いられ、音声には 5.1ch サラウンドの録音も可能なドルビーデジタルなどが採用されている。

② 雲の動きなど長い時間にわたる変化を短時間で見ることができる「クイックモーション機能」を備えたビデオカメラがある。この機能は、例えば通常の録画と再生のフレームレートを 60fps とした場合、１fps や２fps などの小さな値のフレームレートで録画し、再生時にフレームレートを 60fps に戻すことにより、クイックモーションで再生できる技術を利用している。

③ ドライブレコーダーは、一般的に自動車に取り付けて走行中の映像などを記録するための撮影機器である。動画は機器に装着されたメモリーカードに記録され、動画記録の映像符号化方式として MPEG-H HEVC/H.265（HEVC）を使用しているものもある。

④ 4K ビデオカメラの 4K 動画の記録フォーマットは、機器により MP4 や XAVC S などが用いられている。また、一般的に 4K 動画の記録はフル HD（2K）動画の記録に比べてビットレートが高くなるため、XAVC S の映像符号化方式には MPEG-2 が用いられている。

正解 ④

解説 ▼

① 【○】AVCHD Ver.2.0 は、より高精細な映像を記録するため、水平 1920 ×垂直 1080/60p のプログレッシブ方式によるフル HD（2K）映像の記録に対応したこの規格は、AVCHD Progressive などとも呼ばれている。映像符号化方式には MPEG-4 AVC/H.264 が用いられ、1920×1080/60i などの 3D 映像信号を記録できる AVCHD 3D などと呼ばれる規格もある。音声には 5.1ch サラウンドの録音も可能なドルビーデジタルなどが採用されている。

② 【○】この機能は、スローモーションとは逆で、1 時間を 1 分間に短縮するなど、長い時間の変化を短時間に短縮して再生するための機能である。原理は、通常の録画と再生のフレームレートを 60fps とした場合、1fps や 2fps などの小さな値のフレームレートで録画し、再生時にフレームレートを 60fps に戻すことにより、クイックモーション再生を実現している。この場合は、60 倍のスピードのクイックモーションになる。

③ 【○】ドライブレコーダーで撮影された動画は、microSDHC カードなどのメモリーカードに記録される。その記録に使用される映像符号化方式は、MPEG-4 AVC/H.264 などが一般的で、より圧縮率の高い MPEG-H HEVEC/H.265（HEVC）や AV1 を使用しているものもある。

④ 【×】4K ビデオカメラの 4K 動画の記録フォーマットは、機器により MP4 や XAVC S などが用いられている。また、一般的に 4K 動画の記録はフル HD（2K）動画の記録に比べてビットレートが高くなるため、MPEG-2 ではなく、より圧縮率の高い MPEG-4 AVC/H.264 が用いられている。

（ア）～（オ）の説明文は、ヘッドホンやポータブルオーディオ機器などについて述べたものである。

組み合わせ①～④のうち、<u>説明の内容が誤っているものの組み合わせ</u>を1つ選択しなさい。

（ア）　ポータブルオーディオプレーヤーなどで使用される ALAC の音源は、可逆圧縮のため、音源のデータを復号すると圧縮前のデータに戻すことができる。

（イ）　ヘッドホンのドライバーの種類には、ダイナミック型やバランスド・アーマチュア型などがある。ダイナミック型は、一般的なオーディオ用のスピーカーと同じ構造で、磁石が作る磁界の中でボイスコイルに電流が流れることにより、ボイスコイル部に取り付けられた振動板が振動し、音を発生させる方式である。

（ウ）　スマートフォンと無線で接続して音楽などを聴くことができる左右独立型イヤホンでは、スマートフォンから左右それぞれのイヤホンに音声データを無線で直接送信する方法として、NFMI（Near Field Magnetic Induction）が使われている。NFMI は 5GHz 帯の電波を使用するため、電波干渉を受けにくく、また人体に吸収されにくいので、Bluetooth などに比べて音切れが発生しにくい特徴がある。

（エ）　ノイズキャンセリングヘッドホンには、騒音を集音するマイクロホンの取り付け位置により、フィードフォワード方式やフィードバック方式などがある。フィードバック方式はマイクロホンをヘッドホン外部に取り付け、フィードフォワード方式はマイクロホンをヘッドホン内部の耳元に近い位置に取り付け、騒音を集音する方式である。

（オ）　ヘッドホンには、音を再生するドライバーユニットが取り付けられている駆動部分から接続ケーブルを取り外せるタイプがある。このタイプのヘッドホンで、音質を好みに合わせるなどの目的で接続ケーブルを取り替えて別のケーブルに変更することを「リケーブル」などという。リケーブル用のケーブルのドライバー部側の接続端子には、MMCX 端子や各メーカー独自の端子などが用いられている。

【組み合わせ】
① （ア）と（オ）
② （イ）と（ウ）
③ （ウ）と（エ）
④ （エ）と（オ）

正解 ③

解説▼

（ア）【〇】音楽データの圧縮記録方式として、可逆圧縮と非可逆圧縮があり、可逆圧縮は、ロスレス（Lossless）圧縮とも呼ばれる。データの欠落が全く起こらず、理論上、この方法で圧縮されたデータを複合すると圧縮前のデータに復元できる。音楽ファイル形式では、FLAC、ALAC、WMA Lossless、ATRAC Advanced Lossless などがある。

（イ）【〇】問題文は、ダイナミック型についての正しい説明である。バランスド・アーマチュア型は、磁石に取り付けた固定コイルに電流を流し、磁石の吸引力を変化させて鉄片（U字型のアーマチュアと呼ばれる金属）の振動を細い棒（ドライブロッド）で振動板に伝えて振動させる方式である。ダイナミック型と比較するとより小型で繊細な音を再生できるのが特徴であるが、反面振動系を固く支持する必要があるため周波数帯域が狭くなる傾向がある。

（ウ）【×】スマートフォンと無線で接続して音楽などを聴くことができる左右独立型イヤホンでは、スマートフォンから左右それぞれのイヤホンに音声データを無線で直接送信する方法として、約10MHz の周波数を使用するNFMI ではなく、2.4GHz 帯の周波数を使用する Bluetooth が使われている。NFMI は、片側のイヤホンからもう一方のイヤホンに磁気誘導技術を利用して無線通信を行う技術である。

（エ）【×】問題文は、2つの説明が逆になっている。ノイズキャンセリングヘッドホンには、騒音を集音するマイクロホンの取り付け位置により、フィードフォワード方式とフィードバック方式などがある。フィードフォワード方式はマイクロホンをヘッドホン外部に取り付け、フィードバック方式はマイクロホンをヘッドホン内部の耳元に近い位置に取り付け、騒音を集音する方式である。

（オ）【〇】リケーブル用のケーブルには、銀線や無酸素銅（OFC：Oxygen-Free Copper）線、銀がコーティングされた銀コート銅などがある。この銀コート銅は、無酸素銅などの表面を銀でコーティングしたものである。音声信号の電流は周波数が高いほど、導体の表面近くを流れる「表皮効果」および銀の電気抵抗が低い特性を利用し、周波数の高い音声信号のロスを少なくすることを目的としている。

問題 14　（ア）〜（オ）の説明文は、ハイレゾ音源やハイレゾオーディオなどについて述べたものである。
説明の内容が<u>正しいもの</u>は①を、<u>誤っているもの</u>は②を選択しなさい。

（ア）　音源のアップスケーリングとは、一般的に CD や MP3 音源といった非ハイレゾ音源データを「標本化周波数の拡張」や「量子化ビット数の拡張」などの技術を組み合わせて使用し、ハイレゾ音源相当にデータを補完する技術である。

（イ）　音声信号の記録方式の１つである DSD（Direct Stream Digital）は、アナログのオーディオ信号を 2.8224MHz や 5.6448MHz、11.2896MHz などの高速サンプリングで、０または１の１bit デジタルデータに変換するデルタシグマ変調を利用した方式である。

（ウ）　ハイレゾ音源に対応した USB DAC の主機能は、デジタルのオーディオ信号をアナログのオーディオ信号に変換する機能である。例えば、パソコンから USB ケーブルでハイレゾ音源を USB DAC に伝送し、アナログのオーディオ信号へ変換する。その出力をオーディオアンプに送ってスピーカーから音を出す仕組みである。

（エ）　２チャンネルステレオの同じ楽曲で比較した場合、リニア PCM で標本化周波数 96kHz、量子化ビット数 32bit の WAV ファイル形式のハイレゾ音源のデータ量は、理論上、標本化周波数 44.1kHz、量子化ビット数 16bit の音楽用 CD（CD-DA）の約 6.5 倍になる。

（オ）　WAV ファイル形式のハイレゾ音源は、一般的に可逆圧縮の音源である。また、FLAC のハイレゾ音源は、一般的に非可逆圧縮の音源である。

正解　（ア）①　　（イ）①　　（ウ）①　　（エ）②　　（オ）②

解説▼

（ア）【○】音源のアップスケーリング技術は、データ量の少ない非可逆圧縮音源で失われてしまう高音域や微小な音、また、非圧縮や可逆圧縮音源でも標本化周波数が低いことにより失われる高音域、量子化ビット数が小さいことにより失われる微小な音を補完してハイレゾ音源相当の音源にするものである。この音源のアップスケーリングには、「標本化周波数の拡張」や「量子化ビット数の拡張」、「音源補完の推論」など大きく3つの技術が用いられている。

（イ）【○】DSD は、スーパーオーディオ CD（SACD）にも用いられている。オーディオ用途で主に用いられるサンプリング周波数には、通常の音楽用 CD（CD-DA）のサンプリング周波数 44.1kHz の 64 倍の 2.8224MHz や 128 倍の 5.6448MHz、256 倍の 11.2896MHz などがある。

（ウ）【○】USB DAC を用いたシステム例として、パソコンに保存したハイレゾ音源をデジタルデータで USB DAC に伝送し、USB DAC 内の DAC によりアナログのオーディオ信号へ変換する。その出力をオーディオアンプに送り増幅して、スピーカーから音を出すシステムである。パソコンと USB DAC が従来の CD プレーヤーのような音源ソースとして機能するシステムである。

（エ）【×】2 チャンネルステレオのリニア PCM において、標本化周波数 96kHz、量子化ビット数 32bit の WAV ファイル形式のハイレゾ音源のデータ量は、96 × 32 ＝ 3072kbps である。一方、音楽用 CD（CD-DA）の音源のデータ量は、標本化周波数 44.1kHz、量子化ビット数 16bit だから、44.1 × 16 ＝ 705.6kbps である。よって、理論上、音楽用 CD（CD-DA）の約 6.5 倍ではなく、約 4.35 倍になる。

（オ）【×】ハイレゾ音源は、CD スペックを上回るデータ量を持つ音源データをいう。ハイレゾ音源のファイル形式には、一般的に非圧縮の WAV や AIFF、可逆圧縮の FLAC、ALAC、WMA Lossless などが使用されている。これらハイレゾ音源のデジタルデータへの変換方式には、音声信号を一定時間ごとに標本化し、定められたビット数で量子化し、符号化して記録する PCM の技術が用いられている。

問題 15

①～④の説明文は、電池について述べたものである。
説明の内容が<u>誤っている</u>ものを1つ選択しなさい。

① 一般的な結晶系シリコン太陽電池は、活物質や電解液などによる化学反応を利用した化学電池と異なり、P型とN型の半導体の接合部に太陽光などの光が当たると電気が発生する物理電池である。

② デジタルカメラなどに使用されているリチウムイオン二次電池パックは、継ぎ足し充電によるメモリー効果は発生しないが、過充電により性能が低下することがある。そのため、充電する際は、専用充電器を使用するなどメーカーが指定する方法で充電を行う必要がある。

③ 一次電池の電池本体やパッケージには、「使用推奨期限」が表示されている。この使用推奨期限は、表示されている期限までに使い始めれば、一般的に、JISで定められた所定の性能で使用できることを意味している。

④ 空気亜鉛電池やアルカリ乾電池は、充電ができる二次電池である。これらの電池は、充電と放電を繰り返すことで内部の化学変化が進み、最終的には十分な充電ができなくなる。

正解　④

解説▼

① 【○】太陽電池は、光が当たると光のエネルギーにより電子と正孔が発生し、電子がN型半導体側に、正孔がP型半導体側に引き寄せられる。両半導体の間に負荷を接続すると電流が流れる。光が強い（光のエネルギーが大きい）ほど、太陽電池から多くの電気を取り出すことができる。

② 【○】メモリー効果は、充電池を使い切らずに継ぎ足し充電を繰り返し行うことで、使用可能な容量が見かけ上、減ってしまうことをいう。リチウムイオン二次電池パックは、継ぎ足し充電してもメモリー効果は発生しないが、過充電や過放電により性能が低下することがある。

③ 【○】この使用推奨期限を過ぎたら、電池として使用できなくなるという意味ではないことに注意する。

④ 【×】空気亜鉛電池やアルカリ乾電池は、充電が可能な二次電池ではなく、使い切ると放電して寿命が終わってしまう一次電池である。ニッケル・水素充電池やリチウムイオン二次電池などが、二次電池である。

問題＆解説
問題集２

問題 1

（ア）〜（オ）の説明文は、テレビ放送などについて述べたものである。
説明の内容が<u>正しいもの</u>は①を、<u>誤っているもの</u>は②を選択しなさい。

（ア）　衛星放送で衛星から送信される電波には、直線偏波と円偏波の２種類がある。現在の 124/128 度 CS デジタル放送では、偏波面が電波の進行する方向に向かって左回りに回転する左旋円偏波が使用されている。

（イ）　BS デジタル放送では、超短波（VHF）を放送電波として使用している。この電波は、雨雲などを通過する際に減衰するため、集中豪雨などにより画質が低下したり、一時的に受信不能になったりすることがある。

（ウ）　Hybridcast とは、放送と通信（インターネット）を融合させた放送サービスである。このサービスを使って放送では伝えきれないさまざまな情報、データ量の多い高画質画像などを、インターネットを通じて放送と同時に表示することができる。

（エ）　地上デジタル放送は、現在 UHF の 470MHz 〜 710MHz の周波数帯で放送が行われており、ワンセグ放送を除く地上デジタル放送では、映像符号化方式として MPEG-2 Video が、音声符号化方式は MPEG-2 AAC が使用されている。

（オ）　ケーブルテレビにおける地上デジタル放送の伝送方式の１つとして、同一周波数パススルー方式がある。地上デジタル放送を受信できるテレビであれば、専用のセットトップボックスを使用せずに、この伝送方式で再送信される地上デジタル放送を視聴できる。

正解 （ア）② （イ）② （ウ）① （エ）① （オ）①

解説 ▼

（ア）【×】衛星放送で衛星から送信される電波には、直線偏波と円偏波の2種類がある。現在の124/128度CSデジタル放送では、左旋円偏波ではなく、直線偏波が使用されている。

（イ）【×】BSデジタル放送では、超短波（VHF）ではなく、マイクロ波（SHF）を放送電波として使用している。この電波は、雨雲などを通過する際に減衰するため、集中豪雨などにより画質の低下や一時的に受信不能となることがある。

（ウ）【〇】Hybridcastとは、放送と通信（インターネット）を融合させた放送サービスである。このサービスは、インターネットを通じて放送中の番組に関連する情報を提供し、放送と同時に表示することで視聴者それぞれのニーズに合った視聴ができる。一方、機能的に類似しているデータ放送では、放送の空きスペースに情報を乗せている。したがって容量に限りがあり、文字など少量の情報しか表示できない。

（エ）【〇】問題文は、ハイビジョン放送を行っている地上デジタル放送の説明である。地上デジタル放送は、UHFの電波により放送が行われているため、受信にはUHFのアンテナが必要になる。UHFの電波を使用することで、マルチパス障害（ゴースト）に強く、安定した映像・音声の受信が行え、さらに単一周波数ネットワーク（SFN）による周波数の有効活用が可能になった。

（オ）【〇】ケーブルテレビにおける地上デジタル放送の伝送方式には、パススルー方式とトランスモジュレーション方式がある。さらにパススルー方式には、「同一周波数パススルー方式」と「周波数変換パススルー方式」がある。ケーブルテレビ局ごとに、それぞれ伝送方式が決められているため、視聴に必要な機器を確認する必要がある。

問題2

①～④の説明文は、テレビ受信機および関連する事柄について述べたものである。
説明の内容が誤っているものを1つ選択しなさい。

① 有機ELディスプレイのカラー化には、白色発光の有機EL素子を使用し、カラーフィルターによるR（赤）、G（緑）、B（青）に加えて、カラーフィルターを通さないW（白）を加えた4色で1画素を構成して輝度を高くする方式もある。

② テレビの色の再現性の程度を表す方法として、CIE xy色度図上で再現可能な色の範囲を色域として示す場合がある。再現可能な色の範囲である色域を含む規格として、BT.709やBT.2020などがあるが、BT.2020の色域はBT.709に比べて広い。

③ デジタルの映像信号では、赤色、緑色、青色それぞれの色を何段階で表現するのかを示す値として、色深度が用いられる場合がある。単色での色深度が8ビットの場合、理論上、1024段階の表現が可能で、赤色、緑色、青色の3色を合わせた場合には、約10億7千万色の色表現が可能である。

④ デジタル映像信号の輝度・色差信号のフォーマットには、4:4:4や4:2:0などがある。これらのフォーマットは、コンポーネント信号の「輝度信号」、「青色と輝度の色差信号」および「赤色と輝度の色差信号」の形式を規定したものである。4:2:0のフォーマットは、人の視覚特性として輝度よりも色に対する感度が低いことを利用し、同じ映像の場合、4:4:4に比べて少ないデータ量で映像を伝送できるフォーマットである。

正解　③

解説 ▼

① 【○】有機 EL ディスプレイのカラーフィルターを使用する方式では、フィルターを通るため光の利用効率は低くなる。そのため、<u>赤、緑、青に加え、カラーフィルターを通さない白色を加えた4色で1画素を構成し輝度を高くする方式が、現在は主流になっている。</u>

② 【○】色再現性は、入力された映像の色を再現する能力を表す。色再現性の能力は、問題文のとおり CIE xy 色度図上で、再現可能な色の範囲で表現されることが多い。<u>BT.709 の色域は HD 放送などの色域として用いられており、BT.2020 は 4K 放送などの色域として使用されている。</u>

③ 【×】デジタルの映像信号では、赤色、緑色、青色それぞれの色を何段階で表現するのかを示す値として、色深度が用いられる場合がある。<u>単色での色深度が8ビットの場合、理論上、1024 段階ではなく 256 段階の表現が可能で、赤色、緑色、青色の3色を合わせた場合には、約 10 億 7 千万色ではなく約 1677 万 7 千色の色表現が可能である。</u>

④ 【○】YUV などとも呼ばれるデジタルの輝度・色差信号のフォーマットには、4:4:4 や 4:2:2、4:2:0 などがある。4:2:0 のフォーマットでは、<u>輝度信号（Y）は、縦と横の画素数と同じデータ量とするが、青色差信号（Pb/Cb）および赤色差信号（Pr/Cr）は、横と縦の両方共に半分にして、さらにデータ量を減らしている。</u>

問題&解説
問題集2

（ア）〜（オ）の説明文は、AV機器に用いられるケーブルや端子、および
それらに関連する事柄について述べたものである。
説明の内容が<u>正しいもの</u>は①を、<u>誤っているもの</u>は②を選択しなさい。

（ア）　バランス接続に対応したヘッドホンは、ヘッドホンケーブルのGND（グランド）
線が左右（L/R）で共通になっている。この共通のGND線には左右の音声信号
が流れるため、バランス接続に対応したポータブルオーディオプレーヤーなどの
機器と組み合わせて使用することで、左右の音声信号のクロストークを低減でき
る。

（イ）　HDCP（High-bandwidth Digital Content Protection）は、著作権保護され
た映像コンテンツなどをLANケーブルまたは無線LANを使って送信する際に
使用される著作権保護技術である。著作権保護された4K映像コンテンツを
LANケーブルまたは無線LANを使って送信する場合、双方の機器がHDCP2.2
以降の規格に対応している必要がある。

（ウ）　映像をテレビで表示し、音声をAVアンプとスピーカーで再生するホームシア
ターシステムでは、一般的にテレビの映像信号の処理時間がAVアンプの音声信
号の処理時間より長いため、映像が音声に比べ遅れて表示されてしまう場合があ
る。HDMIの機能の1つであるリップシンクは、このような処理時間の違いによ
り発生する映像と音声のずれを補正するための機能である。

（エ）　DisplayPort端子は、パソコンとディスプレイ（PCモニター）などを接続して
デジタル映像信号などを伝送するための端子である。DisplayPortの規格では、
より高解像度の映像信号の伝送への対応が進められており、バージョン1.2の
規格では、4K解像度で60fpsの映像信号の伝送に対応している。

（オ）　HDMIケーブルの種類には、スタンダードタイプやハイスピードタイプなどがあ
り、より高速の伝送速度への対応が進められている。例えば、認証プログラムに
より認証されたウルトラハイスピードHDMIケーブルは、48Gbpsの伝送速度
に対応しており、HDMI 2.1に準拠した4K/120Pや8K/60Pの映像信号の伝
送が可能である。

正解 （ア）② （イ）② （ウ）① （エ）① （オ）①

解説 ▼

（ア）【×】バランス接続に対応したヘッドホンは、ヘッドホンケーブルのGND（グランド）線が左右（L/R）で共通になっているのではなく、左右の音声信号の伝送路がGNDも含めて分離されている。そのため、バランス接続に対応したポータブルオーディオプレーヤーなどの機器と組み合わせて使用することで、左右の音声信号のクロストークを低減できるという特徴がある。

（イ）【×】HDCPは、著作権保護された映像コンテンツなどをLANケーブルまたは無線LANではなく、HDMIケーブルを使って送信する際に使用される著作権保護技術である。著作権保護された4K映像コンテンツをHDMIケーブルを使って送信する場合、双方の機器がHDCP2.2以降の規格に対応している必要がある。

（ウ）【○】HDMI1.3からリップシンク機能が追加されている。リップシンクとは唇の動きと音声の同期のことを意味しており、唇の動きと音声がずれている状態をリップシンクがずれていると表現する。映像処理時間は音声処理時間よりも長いため、テレビ内で音声処理を遅延させてリップシンクさせている。

（エ）【○】DisplayPortの規格では、より高解像度の映像信号の伝送への対応が進められており、バージョン1.2の規格では、4K解像度で60fpsの映像信号の伝送に対応している。さらにバージョン1.4の規格では、8K解像度で60fpsのHDRの映像信号、4K解像度で120fpsのHDRの映像信号の伝送も可能である。

（オ）【○】HDMIケーブルの種類には、スタンダードタイプとハイスピードタイプの2つに大きく区分される。ハイスピードタイプは、ハイスピードHDMIケーブル、プレミアムハイスピードHDMIケーブルおよびウルトラハイスピードHDMIケーブルなどがある。

問題4

（ア）〜（オ）の説明文は、4Kテレビや8Kテレビ、4K放送、8K放送などについて述べたものである。
説明の内容が<u>正しいもの</u>は①を、<u>誤っているもの</u>は②を選択しなさい。

（ア）　4Kテレビの画素数は水平3840×垂直2160で、画面全体の画素数は約829万画素である。また、8Kテレビの画面全体の画素数は4Kテレビの2倍の画素である。

（イ）　現在行われている110度CSデジタル放送では、右旋円偏波および左旋円偏波の両方で4K放送が行われている。これらをすべて視聴する場合、受信に用いるアンテナは、一般的に右左旋円偏波対応のBS・110度CSアンテナを使用する必要がある。

（ウ）　4Kテレビの最適視聴距離は、一般的に画面の高さの約1.5倍の距離といわれている。これは、4Kテレビに搭載されたディスプレイの画素が目立たない最短の距離で、この距離の場合、水平視野角が約110度になり、広い視野で画面に映し出される映像を見ることができる。

（エ）　「フレッツ・テレビ」では、新4K8K衛星放送の右旋円偏波による4K放送の再放送サービスに加え、新4K8K衛星放送の左旋円偏波による4K放送と8K放送の再放送サービスも行われている。

（オ）　新4K8K衛星放送で採用されている映像符号化方式のMPEG-H HEVC/H.265（HEVC）は、BSデジタル放送で採用されているMPEG-2 Videoと比べて約4倍、ワンセグ放送などに採用されているMPEG-4 AVC/H.264の約2倍の圧縮率がある。

正解 （ア）② （イ）② （ウ）② （エ）① （オ）①

解説▼

（ア）【×】フルハイビジョン（2K）の画素数は水平 1920 ×垂直 1080 で、画面全体の画素数は約 207 万画素である。また、4K テレビの画素数は水平 3840 ×垂直 2160 で、画面全体の画素数は約 829 万画素である。さらに、8K テレビの画素数は水平 7680 ×垂直 4320 で、約 3316 万画素で、8K テレビの画面全体の画素数は 4K テレビの 4 倍である。

（イ）【×】現在行われている 110 度 CS デジタル放送の 4K 放送は、右旋円偏波では行われておらず、左旋円偏波のみで行われている。4K 放送を視聴する場合、受信に用いるアンテナは、一般的に右左旋円偏波対応の BS・110 度 CS アンテナを使用する必要がある。

（ウ）【×】テレビを見る最適な視聴距離と角画素密度には、密接な関係がある。角画素密度は、人がテレビを見るときの眼球の視覚 1 度あたりの画素数を示している。テレビの画素が気になるか、ならないかの境界値（しきい値）は、一般的に角画素密度が視覚 1 度あたり 60 画素といわれている。この角画素密度が 60 画素となる視聴距離を 55V 型のテレビにあてはめると、4K テレビの場合は視聴距離が約 1m になる。これは、画面の高さの約 1.5 倍の距離で、視野角（水平視野角）が約 60 度となる。

（エ）【○】新 4K8K 放送の左旋円偏波による放送の再放送は、周波数変換を行い放送波と異なる周波数に下げて各家庭まで再送信し、家庭内の受信側で専用アダプターにより放送と同じ元の周波数に戻し、4K チューナーと 4K 対応テレビ、8K チューナーと 8K 対応テレビ、4K テレビや 8K テレビなどで視聴する方式である。

（オ）【○】新 4K8K 衛星放送で採用されている映像符号化方式の MPEG-H HEVC/H.265（HEVC）は、BS デジタル放送で採用されている MPEG-2 Video の約 4 倍、ワンセグ放送に採用されている MPEG-4 AVC/H.264 の約 2 倍の圧縮率があり、4K の映像データ量を現在の BS デジタル放送と同等に抑えることが可能となる。

問題
5

（ア）～（オ）の説明文は、デジタルカメラおよび関連する事柄について述べたものである。
組み合わせ①～④のうち、<u>説明の内容が誤っているものの組み合わせ</u>を1つ選択しなさい。

（ア） 撮像素子に使用されるCMOSセンサーの1つに、裏面照射型CMOSセンサーがある。このセンサーは、配線層が受光面の反対側に配置されているため、入射光が配線層に遮られることがなく、従来のCMOSセンサーと比べて感度が高い。

（イ） デジタル一眼レフカメラやミラーレス一眼カメラには、一般的にモードダイヤルが装備されている。モードダイヤルの「S」または「Tv」は絞り優先で撮影するモードで、「A」または「Av」はシャッタースピード優先で撮影するモードである。

（ウ） レンズには、レンズの焦点距離が長いほど被写体の写る範囲は広く、像は小さくなり、焦点距離を短くすると写る範囲は狭く、像は大きくなるという性質がある。光学ズームは、この性質を利用したもので、レンズの一部を動かして焦点距離を変化させ、像の一部を拡大するものをいう。

（エ） 被写体ブレは、写したいものが動いたためにブレて写ることをいう。これを軽減するためには、ISO感度を高くし、F値を小さな値に設定するなどして、シャッタースピードを速くすることが一般的である。一部のデジタルカメラに搭載されるスポーツモードは、速いシャッタースピードを自動で選択するなどして、被写体ブレを抑える撮影モードである。

（オ） デジタルカメラで撮影した静止画像を記録メディアに保存する場合に使われるファイル型式には、非可逆圧縮で記録するJPEG形式と、無圧縮または可逆圧縮で記録するRAW形式がある。JPEG形式はパソコンの標準機能で表示することが可能だが、RAW形式は基本的に専用の画像展開ソフトが必要である。

【組み合わせ】
① （ア）と（ウ）
② （イ）と（エ）
③ （ウ）と（イ）
④ （エ）と（オ）

正解　③

解説 ▼

(ア)　【○】従来の表面照射型の CMOS センサーでは、フォトダイオードの前に配線がレイアウトされている。カラーフィルターを通過した入射光の一部が配線によって遮られてしまい、その分フォトダイオードに光が当たる面積も小さくなるため、裏面照射型が開発された。

(イ)　【×】デジタル一眼レフカメラやミラーレス一眼カメラには、一般的にモードダイヤルが装備されている。モードダイヤルの「S」または「Tv」は絞り優先ではなく、シャッタースピード優先で撮影するモードで、「A」または「Av」はシャッタースピード優先ではなく、絞り優先で撮影するモードである。

(ウ)　【×】レンズには、レンズの焦点距離が長いではなく短いほど被写体の写る範囲は広く、像は小さくなり、焦点距離を短くではなく長くすると写る範囲は狭く、像は大きくなるという性質がある。光学ズームは、この性質を利用したもので、レンズの一部を動かして焦点距離を変化させ、像の一部を拡大するものをいう。

(エ)　【○】被写体ブレを軽減するには、シャッタースピードを速くする必要がある。カメラの種類によっては「スポーツモード」などを選ぶことにより、被写体ブレを軽減できる。また、カメラがモードダイヤルを備えていれば、シャッター優先モードでシャッタースピードをマニュアルで速く設定することにより、被写体ブレを軽減できる。

(オ)　【○】RAW 形式は、一眼レフやミラーレス一眼カメラなど一部高級機に採用されている。撮像素子からの画像データを加工せず、生（Raw）データのまま非圧縮または可逆圧縮で記録する場合が多い。ファイルサイズは JPEG より大きい。RAW の画像圧縮方式は標準化されておらず、メーカーによって異なる方式が採用されている。

問題 6 ①～④の説明文は、プリンターおよび関連する事柄について述べたものである。
説明の内容が<u>誤っているもの</u>を１つ選択しなさい。

① Wi-Fi Direct に対応したプリンターであれば、スマートフォンと Wi-Fi Direct で接続し、専用アプリなどを利用してスマートフォンに保存されている写真などを印刷できる。この場合、スマートフォンとプリンターは、アクセスポイントとなる無線 LAN ルーターを介して接続される。

② シアン、マゼンタ、イエローの３色のインクと黒のインクを用いて、さまざまな色を表現するインクジェット方式のプリンターでは、シアンとイエローのインクを使用してグリーン（緑色）を表現できる。

③ インクジェット方式のプリンターで用いられるインクの種類には、顔料インクと染料インクがある。顔料インクには、紙に浸透しにくく表面にインクが残る性質がある。一方、染料インクは、インクが紙に浸透しやすく、光沢紙の光沢感を出す場合のように、紙の表面の質感を生かした印刷に向いている。

④ レーザープリンターはレーザー光を利用するプリンターで、そのレーザー光は印刷する文字や画像のデータをもとに感光ドラムなどに照射される。また、カラーレーザープリンターは、一般的にシアン、マゼンタ、イエローの３色のトナーと黒のトナーを用いて印刷を行っている。

正解 ①

解説 ▼

① 【×】Wi-Fi Direct 対応したプリンターであれば、スマートフォンと Wi-Fi Direct で接続し、専用のアプリなどを利用してスマートフォンに保存されている写真などを印刷できる。この場合、<u>スマートフォンとプリンターはアクセスポイントとなる無線 LAN ルーターを介してではなく、直接無線接続される。</u>

② 【〇】シアン、マゼンタ、イエローの３色のインクと黒のインクを用いて、さまざまな色を表現するインクジェット方式のプリンターでは、これ以外にも、例えば<u>イエローとマゼンタのインクを使用してレッド（赤色）を表現できる。また、ブルー（青色）は、シアンとマゼンタのインクを使用して表現できる。</u>

③ 【〇】<u>顔料インクは水に溶けない色材を使用</u>しており、紙に浸透しにくく表面にインクが残る性質がある。色の分子の結び付きが強いので、色あせしにくく耐光性、耐水性、耐オゾン性に優れる。水にぬれてもあまりにじまない。一方、<u>染料インクは水に溶ける色材を使用</u>しており、紙に浸透しやすく、光沢紙の光沢感を出す場合のように、紙の表面の質感を生かした印刷に向いている。また、鮮やかな発色を特徴としている。

④ 【〇】レーザープリンターは、<u>レーザー光を印刷イメージデータに応じて感光ドラムに照射してドラム表面に印刷画像を描き、その印刷画像部分に粉末状のトナーを付着させ、さらにそのトナーを出力用紙に転写し、加圧により定着させる印刷方式のプリンターである。</u>黒のトナーだけを使って印刷するものをモノクロレーザープリンターといい、色材の３原色と黒の計４色のトナーを使って印刷するものをカラーレーザープリンターという。

①〜④の説明文は、プロジェクターやサラウンドシステムなどについて述べたものである。
説明の内容が<u>誤っている</u>ものを1つ選択しなさい。

① ドルビーアトモス方式の録音・再生には、チャンネルベースのサラウンドフォーマットが採用されている。この方式では、例えば「5.1.4」の音声を録音する場合、10台のスピーカーから出す音をそれぞれのチャンネルとして、合計10チャンネル分を録音している。再生時には、この10チャンネルの音を10台のスピーカーからそれぞれ再生することにより、「5.1.4」のサラウンドの音場を作り出している。

② プロジェクターのレンズシフト機能は、レンズを上下左右にシフトさせることにより、映像を適切な位置に調整できる機能である。この機能を使って左右方向に映像をシフト（位置ずらし）できる範囲は、一般的に映像の横のサイズに対する比率（％）で表される。この数値が大きいほどシフト量が大きくなり、スクリーンに対して機器を設置できる場所が左右方向により広がることを意味している。

③ LCOSプロジェクターは、より高画質を追求するホームシアター用プロジェクターの方式で、映像表示用デバイスとして Liquid Crystal On Silicon と呼ばれる反射型液晶パネルを使用したプロジェクターである。

④ サラウンドの音声の録音、再生の方式であるオブジェクトベース方式では、車のクラクションの音や人の声などを1つひとつのオブジェクトと捉え、それぞれのオブジェクトの音に加えて位置情報などもデータとして記録する。再生時には、これらのデータを基にAVアンプなどの機器側で最適な状態に調整して再生するため、再生時のスピーカーの数に制限されないという特徴がある。

正解　①

解説▼

① 【×】ドルビーアトモス方式の録音・再生には、チャンネルベースではなく、オブジェクトベースのサラウンドフォーマットが採用されている。この方式では、個別の音（動物の鳴き声、乗り物の音や人の声など）をオブジェクトとして捉え、それぞれのオブジェクトの音に加え位置情報などもデータとして記録している。再生時には、これら記録したデータを基にして最適な状態で立体音響を再生できるように調整している。

② 【〇】プロジェクターのレンズシフト機能とは、スクリーンに映し出される映像の位置を調整する機能である。スクリーンの正面中央の理想的な位置にプロジェクターを設置できない場合でも、レンズを上下左右にシフトさせることにより、映像をシフトさせて適切な位置に調整できる機能である。

③ 【〇】LCOS プロジェクターは、反射型液晶パネルを使用している。映像を映し出す仕組みは、光源からの光をダイクロイックミラーを用いて光の３原色である赤色、緑色、青色に分解する。その後、反射型液晶パネルで各色の映像を作り、クロスプリズムにより合成して投射レンズからスクリーンに投影する方式である。

④ 【〇】問題文は、オブジェクトベース方式についての説明である。チャンネルベース方式では、例えば 5.1ch サラウンドの音声を録音するのに、６つのスピーカーから出す音をそれぞれのチャンネルで計６チャンネル分を録音している。再生時にはこの６チャンネルの音を６つのスピーカーからそれぞれ再生することにより 5.1ch サラウンドの音場を作り出す。

（ア）～（オ）の説明文は、オーディオ機器、電波を使って放送を行うラジオ放送などについて述べたものである。
説明の内容が<u>正しいもの</u>は①を、<u>誤っているもの</u>は②を選択しなさい。

（ア）　FM 放送の変調方式は、音声信号の大きさの変化を電波の周波数の変化に変換して送信する周波数変調方式である。また、AM 放送の変調方式は、音声信号の大きさの変化を電波の振幅の変化に変換して送信する振幅変調方式である。

（イ）　アナログレコードの LP レコードを MM（Moving Magnet）型カートリッジを使用して再生する場合、周波数特性の補正が必要である。この補正には、低音域のレベルを下げ、高音域のレベルを上げるフォノイコライザーが用いられる。

（ウ）　オーディオ用スピーカーの種類には、フルレンジ型や２ウェイ型、３ウェイ型などがある。３ウェイ型のスピーカーには一般的に３つのスピーカーが使用されており、低音用はウーファー、中音用はスコーカー、高音用はツィーターと呼ばれている。

（エ）　FM 補完放送とは、電波環境による難聴対策や災害対策のために、中波（MF）の電波を使って行われている AM 放送を補完する放送として、同じ地域で同じ放送番組を極超短波（UHF）の電波を使って行われる FM 放送のことである。

（オ）　２チャンネルステレオのオーディオ機器の性能を表すチャンネルセパレーションは、左右の音声信号が混じらずに分離されている度合いを示したものである。一般的に「dB」で表示され、数値が大きいほど、左右の音声信号の分離度が高いことを示している。

正解　（ア）①　（イ）②　（ウ）①　（エ）②　（オ）①

解説▼

（ア）【○】FM放送は、この周波数変調方式を採用しているため、混信や外部からのノイズ（電気ノイズ）の影響を受けにくく、使われているVHF（超短波）は、通常の場合、電離層では反射しにくい性質がある。AM放送に使われているMF（中波）は、昼間はほとんど電離層で反射されないため、比較的近距離だけに届くが、夜になると電離層で反射してかなり遠くまで電波が届く。これにより、夜間には遠方の放送が受信可能になる反面、混信やフェージング現象など受信障害の原因となることがある。

（イ）【×】アナログレコードのLPレコードをMM型カートリッジを使用して再生する場合、周波数特性の補正が必要である。この補正には、低音域のレベルを下げるのではなく上げ、高音域のレベルを上げるのではなく下げるフォノイコライザーが用いられる。

（ウ）【○】3ウェイ型のスピーカーには一般的に3つのスピーカーが使用されており、低音用はウーファー、中音用はスコーカー、高音用はツィーターと呼ばれている。スピーカーボックスの代表的な構造としては、密閉型とバスレフ型がある。バスレフ型は、前面や裏面などに開口部があり、開口部につながるダクトを利用して低音域を増強する構造のスピーカーボックスである。

（エ）【×】FM補完放送とは、電波環境による難聴対策や災害対策のために、中波（MF）の電波を使って行われているAM放送を補完する放送として、同じ地域で同じ放送番組を極超短波（UHF）ではなく、超短波（VHF）の電波を使って行われるFM放送のことである。

（オ）【○】2チャンネルステレオのオーディオ機器の性能を表すチャンネルセパレーションは、左右の音声信号が混じらずに分離されている度合いを示したものである。単位は「dB」（デシベル）で、数値が大きいほど、左右の音声信号の分離度が高く、音源の位置が明瞭に再現されているといわれている。

<table>
</table>

問題9

（ア）〜（オ）の説明文は、防じんおよび防水について述べたものである。
説明の内容が<u>正しいもの</u>は①を、<u>誤っているもの</u>は②を選択しなさい。

（ア）　防じん・防水の保護等級を表す IP（International Protection）コードは、「第
一特性数字」と「第二特性数字」で構成されており、水の浸入に対する保護等級
を表しているのは「第二特性数字」である。

（イ）　保護等級を表す IP コードの IPX7 に対応した機器（機器の高さが 85cm に満た
ないもの）は、水深 1m の水中（機器の最下部を水面から 1m の位置にする）
に 30 分間沈めたとき、有害な影響を生じる量の水の浸入があってはならないと
規定されている。

（ウ）　保護等級を表す IP コードの IPX4 に対応した機器は、一般的に「生活防水」と
も呼ばれ、あらゆる方向からの水の飛まつによっても有害な影響を及ぼしてはな
らないと規定されている。

（エ）　保護等級を表す IP コードの IP4X に対応した機器は、一般的に「防じん形」と
も呼ばれる。じんあい（塵埃）の侵入を完全に防止することはできないが、電気
機器の所定の動作および安全性を阻害する量のじんあいの侵入があってはならな
いと規定されている。

（オ）　保護等級を表す IP コードの IP5X に対応した機器は、一般的に「耐じん形」と
も呼ばれ、じんあいの侵入があってはならないと規定されている。

正解　（ア）①　　（イ）①　　（ウ）①　　（エ）②　　（オ）②

解説▼

（ア）【〇】防じん・防水の保護等級を表すIPコードは、日本産業規格JIS C 0920「電気機器器具の外郭による保護等級（IPコード）」で規定されている。「第一特性数字」は危険な箇所への接近および外来固形物（固形物や粉じん）に対する保護等級、「第二特性数字」が水の浸入に対する保護等級を表している。

（イ）【〇】IPX7に対応した機器は、「防浸形」とも呼ばれ、規定の圧力および時間で外郭を一時的に水中に沈めたとき、有害な影響を生じる量の水の侵入があってはならない。機器の高さが85cmに満たない場合、水深1mの水中（機器の最下部を水面から1mの位置にする）に30分間沈めたとき、有害な影響を生じる量の水の浸入があってはならないと規定されている。

（ウ）【〇】「生活防水」は「防まつ形」とも呼ばれる。防雨形よりさらに厳しく、雨にぬれたり、シャワーなどがかかったりしても使用できるように、あらゆる方向からの水しぶきに耐えなければならない。散水ノズルを使った測定では、保護等級3の防雨型と同じ条件で散水するが、上部からだけでなく左右、下部まで360度、あらゆる方向から行う。

（エ）【×】IP4Xに対応した機器は、直径1.0mmの固形物プローブが内部に全く侵入してはならないと規定されている。また、「一般的に『防じん形』とも呼ばれ、じんあいの侵入を完全に防止することはできないが、電気機器の所定の動作および安全性を阻害する量のじんあいの侵入があってはならないと規定されている」のは、IP5Xに対応した機器である。

（オ）【×】IP5Xに対応した機器は、一般的に「防じん形」とも呼ばれる。じんあいの侵入を完全に防止することはできないが、電気機器の所定の動作および安全性を阻害する量のじんあいの侵入があってはならないと規定されている。また、「一般的に『耐じん形』とも呼ばれ、じんあいの侵入があってはならないと規定されている」のは、IP6Xに対応した機器である。

問題＆解説
問題集 2

問題 10
（ア）～（オ）の説明文は、電話機および関連する事柄について述べたものである。

説明の内容が<u>正しいもの</u>は①を、<u>誤っているもの</u>は②を選択しなさい。

（ア）　スマートフォンを使ったテザリングとは、スマートフォンをアクセスポイントとして使用し、パソコンやタブレットなどをスマートフォン経由でインターネットに接続する方法である。テザリング利用中のスマートフォンは、無線 LAN や Bluetooth 機能が使用出来ないため、パソコンやタブレットなどをスマートフォンと接続するときは、必ず USB ケーブルで接続する必要がある。

（イ）　5G の通信サービスで使用される通信方式には、NSA（Non-Standalone）と SA（Standalone）がある。SA は、スマートフォンなどの端末機器の位置登録に使用される制御信号の通信には 4G 基地局と 4G コアネットワークを使用するが、データ通信には 5G 基地局と 5G コアネットワークを使用する方式である。

（ウ）　携帯電話やスマートフォンは、各種の周波数帯の電波を使用している。プラチナバンドなどとも呼ばれる 700MHz ～ 900MHz 帯の電波は、より周波数の高い 1.5GHz ～ 2.1GHz 帯の電波に比べて障害物の影響を受けにくい性質があり、ビルの内部などでも電波が届きやすいといわれている。

（エ）　DECT 準拠方式コードレス電話機の子機で通話中に、110 度 CS デジタル放送の一部のチャンネルで、テレビの画面にブロックノイズが発生する場合がある。その原因の 1 つとして、110 度 CS デジタル放送の受信伝送路への DECT 準拠方式コードレス電話機の電波の混入が考えられる。

（オ）　MIMO とは、基地局やスマートフォンなどの端末に複数のアンテナを装備し、同じ周波数で複数の通信経路を使って多重化することにより、データ通信速度を高速化する技術である。この方式で基地局と端末に各 4 本のアンテナを使う場合、理論的には 1 本ずつのアンテナに比べ約 4 倍の通信速度で通信できる。

正解 　（ア）②　　（イ）②　　（ウ）①　　（エ）①　　（オ）①

解説▼

（ア）【×】スマートフォンを使ったテザリングとは、スマートフォンをアクセスポイントとして使用し、パソコンやタブレットなどをスマートフォン経由でインターネットに接続する方法である。パソコンやタブレットなどとスマートフォンとの接続は、USB ケーブルによる有線での接続に限られず、一般的に Wi-Fi（無線 LAN）や Bluetooth による接続なども利用できる。

（イ）【×】5G の通信サービスで使用される通信方式には、NSA と SA がある。SA は、4G と 5G の基地局とコアネットワークを併用するのではなく、スマートフォンなどの端末機器の位置登録に使用される制御信号の通信、およびデータ通信の両方に、5G 基地局と 5G コアネットワークを使用する方式である。

（ウ）【○】携帯電話やスマートフォンは、各種の周波数帯の電波を使用している。過去から主に使用されてきた周波数帯の 1.5GHz ～ 2.1GHz 帯に比べ、それよりも低い UHF（極超短波）の 700MHz ～ 900MHz 帯のことを一般的にプラチナバンドと呼んでいる。プラチナバンドの 700MHz ～ 900MHz 帯の電波は、1.5GHz 以上の電波に比べて、コンクリート壁を透過しやすく、また障害物を回り込む性質が強いといった特長がある。

（エ）【○】2.4GHz 帯のデジタルコードレス電話は、同じ周波数帯を使用する無線 LAN や電子レンジなどとの電波干渉により、雑音が入ることや音声がとぎれることがあったが、1.9GHz 帯を用いた DECT 準拠方式コードレス電話機では、一般的に、それらの機器からの影響を受けない。逆に、110度 CS デジタル放送の一部のチャンネルで、テレビの画面にブロックノイズが発生する場合がある。その原因の1つとして、110 度 CS デジタル放送の受信伝送路への DECT 準拠方式コードレス電話機の電波の混入が考えられる。

（オ）【○】MIMO のデータ通信速度を高速化させる技術は、問題文のとおりである。LTE-Advanced では、キャリアアグリゲーションや MIMO などの技術を組み合わせて、通信の高速化を実現している。

AV情報家電 問題&解説
問題集 2

問題 11

（ア）～（オ）の説明文は、ネットワークおよび関連する事柄について述べたものである。
説明の内容が<u>正しいもの</u>は①を、<u>誤っているもの</u>は②を選択しなさい。

（ア）　家庭内 LAN などで使用される LAN ケーブルには、伝送性能などを表すカテゴリーと呼ばれる規格がある。カテゴリー 5e の LAN ケーブルは 1Gbps の伝送速度に対応し、カテゴリー 6A の LAN ケーブルは 10Gbps の伝送速度に対応している。

（イ）　「Wi-Fi 4」や「Wi-Fi 5」、「Wi-Fi 6」は、無線 LAN 機器などが、どの無線 LAN 規格に対応するのかを分かりやすくするための名称である。例えば、無線 LAN 機器に「Wi-Fi 4」と表記されている場合は、無線 LAN 規格の IEEE802.11ac に対応していることを表している。

（ウ）　IPv4 に対応したネットワーク環境において、ルーターが LAN ケーブルなどで接続されたネットワーク機器に、IP アドレスを自動的に割り当てる機能を DHCP サーバー機能という。一般的に、「169.254.」で始まる IP アドレスを割り当てることが多い。

（エ）　Bluetooth 機器のペアリングなどに使用される NFC は、交通系 IC カードや電子マネー系 IC カードなどと同様に、13.56MHz の周波数を利用して通信を行う近距離無線通信規格である。NFC の通信距離は 10cm 程度である。

（オ）　「NOTICE」とは、総務省、国立研究開発法人情報通信研究機構（NICT）およびインターネットサービスプロバイダーが連携し、IoT 機器へのアクセスによるサイバー攻撃に悪用されるおそれのある機器の調査、および当該機器の利用者への注意喚起を行う取り組みである。この取り組みでは、NICT がサイバー攻撃に悪用されるおそれのある機器を調査、特定し、インターネットサービスプロバイダーが当該機器の利用者に対して注意喚起を行っている。

正解 （ア）① （イ）② （ウ）② （エ）① （オ）①

解説 ▼

（ア）【○】問題文のとおり、家庭内 LAN などで使用される LAN ケーブルには、伝送性能などを表すカテゴリーと呼ばれる規格がある。<u>契約したインターネット回線の最大通信速度を基にして、家庭内に敷設する LAN ケーブルは、適切なカテゴリーのものを選択する必要がある。</u>

（イ）【×】「Wi-Fi 4」や「Wi-Fi 5」、「Wi-Fi 6」は、無線 LAN 機器などが、どの無線 LAN 規格に対応するのかを分かりやすくするための名称である。例えば、<u>無線 LAN 機器に「Wi-Fi 4」と表記されている場合は、無線 LAN 規格の IEEE802.11ac ではなく、機器が対応している規格が IEEE802.11n に対応している</u>ことを表している。

（ウ）【×】IPv4 に対応したネットワーク環境において、家庭などの LAN（ローカルエリアネットワーク）に使われるルーターは、DHCP サーバーの機能を備えている。一般的に、<u>割り当てられる IP アドレスは「169.254.」ではなく、「192.168.」で始まる IP アドレスを割り当てる</u>ことが多い。

（エ）【○】近距離通信である NFC（Near Field Communication）に対応した機器にかざすように近づけるだけで、Bluetooth 接続（ペアリング）などができる。<u>NFC は、交通系 IC カードや電子マネー系 IC カードなどと同様に、13.56MHz の周波数を利用して通信を行う近距離無線通信規格である。</u>NFC の通信距離は 10cm 程度である。

（オ）【○】<u>対象となる機器は、グローバル IP アドレス（IPv4）によりインターネット上で外部からアクセスできる IoT 機器で、ルーター、ネットワークカメラ、センサーなど</u>である。ただし、携帯電話回線で使用するスマートフォンや無線 LAN ルーターに接続して使用するパソコンなどは、一部の例外を除いて調査対象となっていない。

問題 12

①～④の説明文は、ビデオカメラやネットワークカメラ、ドライブレコーダーについて述べたものである。
説明の内容が<u>誤っているもの</u>を1つ選択しなさい。

① ドライブレコーダーは、一般的に自動車に取り付けて走行中に撮影された動画などを記録するための撮影機器である。動画は機器に装着されたメモリーカードなどに記録され、動画記録の映像符号化方式として MPEG-H HEVC/H.265（HEVC）を使用しているものもある。

② ビデオカメラなどに搭載される「スローモーション機能」は、例えば通常速度の撮影のフレームレートを60fpsとした場合、2倍の120fpsや4倍の240fpsなどで記録し、再生時にフレームレートを60fpsに戻すことにより、スローモーションで再生できる技術を利用している。

③ AVCHD Ver.2.0は、ビデオカメラなどで水平1920×垂直1080/60pのフルHD（2K）映像などを記録することができる規格である。映像符号化方式にはMPEG-2 Videoが用いられ、音声には5.1chサラウンドの録音も可能なMP3が採用されている。

④ ネットワークカメラに搭載されているレンズの種類には、焦点距離が固定された単焦点レンズやバリフォーカルレンズなどがある。バリフォーカルレンズは、焦点距離を変化させて写す範囲（画角）を調整したあと、ピント合わせが必要なレンズである。

正解 ③

解説 ▼

① 【○】ドライブレコーダーで撮影された動画は、microSDHC カードなどのメモリーカードに記録される。その記録に使用される映像符号化方式は、MPEG-4 AVC/H.264 などが一般的で、より圧縮率の高い MPEG-H HEVC/H.265（HEVC）や AV1 を使用しているものもある。

② 【○】スローモーション機能は、通常速度よりも大きな値のフレームレートで撮影し、再生時に通常のフレームレートの 60fps に戻すことでスローモーション再生を実現している。スローモーションとは逆で、1fps や 2fps などの小さな値のフレームレートで撮影し、再生時にフレームレートを 60fps に戻すことでクイックモーション再生を実現している。

③ 【×】AVCHD Ver.2.0 は、ビデオカメラなどで水平 1920 ×垂直 1080/60p のフル HD（2K）映像などを記録することができる規格である。映像符号化方式には MPEG-2 Video ではなく、MPEG-4 AVC/H.264 などが用いられ、音声には 5.1ch サラウンドの録音も可能な MP3 ではなく、ドルビーデジタルなどが採用されている。

④ 【○】ネットワークカメラには、「固定型（固定ボックス型）」、「固定ドーム型」、「PTZ 型」などのタイプがある。搭載されているレンズの種類には、焦点距離が固定された単焦点レンズやバリフォーカルレンズなどがある。バリフォーカルレンズは、焦点距離を変化させて写す範囲（画角）を調整したあと、鮮明な画像を得るにはピント合わせが必要なレンズである。

AV情報家電

問題＆解説
問題集 2

問題 13	（ア）〜（オ）の説明文は、ヘッドホンやポータブルオーディオ機器などについて述べたものである。 組み合わせ①〜④のうち、説明の内容が誤っているものの組み合わせを1つ選択しなさい。

（ア）　ポータブルオーディオプレーヤーなどで使用されるMP3の音源は、非可逆圧縮のため、理論上、音源のデータを復号しても圧縮前のデータに戻すことができない。

（イ）　ヘッドホンには、音を再生するドライバーユニットが取り付けられている駆動部分から接続ケーブルを取り外せるタイプがある。このタイプのヘッドホンで、音質を好みに合わせるなどの目的で接続ケーブルを別のケーブルに取り替えることを「リケーブル」などという。リケーブル用のケーブルのドライバー部側の接続端子には、MMCX端子や各メーカー独自の端子などが用いられている。

（ウ）　スマートフォンと無線で接続して音楽などを聴くことができる左右独立型イヤホンでは、スマートフォンから左右それぞれのイヤホンに音声データを無線で直接送信する方法として、NFMI（Near Field Magnetic Induction）が使われている。NFMIは5GHz帯の電波を使用するため、電波干渉を受けにくく、また人体に吸収されにくいので、Bluetoothなどに比べて音切れが発生しにくい特徴がある。

（エ）　ヘッドホンのドライバーの種類には、ダイナミック型やバランスド・アーマチュア型などがある。バランスド・アーマチュア型は、一般的なオーディオ用のスピーカーと同じ構造で、磁石が作る磁界の中でボイスコイルに電流が流れることにより、ボイスコイル部に取り付けられた振動板が振動し、音を発生させる方式である。

（オ）　ノイズキャンセリングヘッドホンは、一般的に、ヘッドホンに取り付けられた小型のマイクロホンで周囲の騒音を集音し、その音からキャンセル信号を作り、再生信号に加えることで騒音をキャンセルしている。マイクロホンの取り付け位置の違いにより、フィードフォワード方式やフィードバック方式などがある。

【組み合わせ】
　①　（ア）と（ウ）　　②　（イ）と（オ）　③　（ウ）と（エ）　　④　（エ）と（ア）

正解 ③

解説 ▼

- （ア）【○】ポータブルオーディオプレーヤーなどで使用される MP3 は、非可逆圧縮の音源である。したがって、音源データを復号しても圧縮前のデータに戻すことができない。

- （イ）【○】リケーブル用のケーブルには、銀線や無酸素銅（OFC：Oxygen-Free Copper）線、銀がコーティングされた銀オート銅などがある。この銀コート銅は、無酸素銅などの表面を銀でコーティングしたものである。音声信号の電流は周波数が高いほど、導体の表面近くを流れる「表皮効果」および銀の電気抵抗が低い特性を利用し、周波数の高い音声信号のロスを少なくすることを目的としている。

- （ウ）【×】スマートフォンと無線で接続して音楽などを聴くことができる左右独立型イヤホンでは、スマートフォンから左右それぞれのイヤホンに音声データを無線で直接送信する方法として、約 10 MHz の周波数を使用する NFMI ではなく、2.4GHz 帯の周波数を使用する Bluetooth が使われている。NFMI は、片側のイヤホンからもう一方のイヤホンに磁気誘導技術を利用して無線通信を行う技術である。

- （エ）【×】バランスド・アーマチュア型は、一般的なオーディオ用のスピーカーと構造が異なり、磁石に取り付けた固定コイルに電流を流し、磁石の吸引力を変化させて鉄片の振動を細い棒（ドライブロッド）で振動板に伝えて振動させ、音を発生させる方式である。

- （オ）【○】ノイズキャンセリングヘッドホンには、騒音を集音するマイクロホンの取り付け位置により、フィードフォワード方式とフィードバック方式などがある。フィードフォワード方式はマイクロホンをヘッドホン外部に取り付け、フィードバック方式はマイクロホンをヘッドホン内部の耳元に近い位置に取り付け、騒音を集音する方式である。

（ア）〜（オ）の説明文は、ハイレゾ音源やハイレゾオーディオなどについて述べたものである。
説明の内容が<u>正しいもの</u>は①を、<u>誤っているもの</u>は②を選択しなさい。

（ア）　音声信号の記録方式の1つであるMQA（Master Quality Authenticated）は、アナログのオーディオ信号を2.8224MHzや5.6448MHz、11.2896MHzなどの高速サンプリングで、0または1の1bitデジタルデータに変換するデルタシグマ変調を利用した方式である。

（イ）　オーディオ用のアンプのなかには、ハイレゾ音源用のDACが組み込まれたDAC内蔵プリメインアンプなどと呼ばれる機器がある。このDAC内蔵プリメインアンプは、ハイレゾ音源をデコードできるため、例えば、パソコンからDAC内蔵プリメインアンプのUSB端子などにハイレゾ音源を入力し、この機器内でデコード処理や音声信号の増幅を行い、スピーカーなどへ出力して音楽などを聴くことができる。

（ウ）　ハイレゾ音源のファイル形式には、一般的に非圧縮のWAVやAIFF、可逆圧縮のFLACやWMA Losslessなどが使用されている。

（エ）　音楽配信サービスのなかには、標本化周波数44.1kHz、量子化ビット数16bitなどの音源による楽曲のストリーミング配信などに加え、標本化周波数192kHz、量子化ビット数24bitなどのハイレゾ音源による楽曲のストリーミング配信を行っているものがある。

（オ）　2チャンネルステレオのリニアPCMにおいて、標本化周波数192kHz、量子化ビット数24bitのWAVファイル形式のハイレゾ音源のビットレートは、約4.6Mbpsである。

正解　（ア）②　　（イ）①　　（ウ）①　　（エ）①　　（オ）②

解説▼

（ア）【×】MQA は、カプセル化という技術を用いたオーディオ折り紙（音楽の折り紙などともいう）と呼ばれる独自の音声符号化方式を採用した記録方式である。また、「アナログのオーディオ信号を 2.8224MHz や 5.6448MHz、11.2896MHz などの高速サンプリングで、0 または 1 の 1bit デジタルデータに変換するデルタシグマ変調を利用した方式」は、DSD（Direct Stream Digital）である。

（イ）【○】DAC 内蔵プリメインアンプは、USB DAC がプリメインアンプに組み込まれているものである。接続としては、よりシンプルなものとなり、パソコンから USB 経由でハイレゾ音源のデジタルデータを DAC 内蔵プリメインアンプに入力する方式となる。DAC 内蔵プリメインアンプの機器内でアナログのオーディオ信号に変換し、増幅後にスピーカーなどへ出力して再生する。

（ウ）【○】ハイレゾ音源は、CD スペックを上回るデータ量を持つ音源データをいう。ハイレゾ音源のファイル形式には、一般的に非圧縮の WAV や AIFF、可逆圧縮の FLAC、ALAC や WMA Lossless などが使用されている。これらハイレゾ音源のデジタルデータへの変換方式には、音声信号を一定時間ごとに標本化（サンプリング）し、定められたビット数で量子化し、符号化して記録する PCM の技術が用いられている。

（エ）【○】インターネットの高速化に伴い、さまざまな音楽をストリーミングにより各種の機器で聴くことができる音楽配信サービスが行われるようになった。これらのサービスには、音楽データの伝送ビットレートを非可逆圧縮により比較的抑えたものや、音質を重視した可逆圧縮（ロスレス）による配信サービスがある。さらに高音質を追求するため、ハイレゾ音源を可逆圧縮により配信するサービスがある。

（オ）【×】2 チャンネルステレオのリニア PCM において、標本化周波数 192kHz、量子化ビット数 24bit の WAV ファイル形式のハイレゾ音源のビットレートは、約 4.6Mbps ではなく約 9.2Mbps である。

$2 \times 192000 \times 24 = 9216000 \Rightarrow$ 約 9.2Mbps

問題&解説
問題集2

①～④の説明文は、電池について述べたものである。
説明の内容が<u>誤っているもの</u>を1つ選択しなさい。

① デジタルカメラなどに使用されているリチウムイオン二次電池パックは、継ぎ足し充電によるメモリー効果は発生しないが、過充電により性能が低下することがある。そのため、充電する際は、専用充電器を使用するなどメーカーが指定する方法で充電を行う必要がある。

② ニッケル・水素充電池の公称電圧は1.2Vで、物理的な寸法が一般的な乾電池と同等のものがある。一般的な乾電池を使用する機器の一部では、寸法的に適合する場合でも、ニッケル・水素充電池を使用できない場合があるので、機器の取扱説明書などで使用の可否を確認する必要がある。

③ 酸化銀電池やアルカリ乾電池は、充電ができる二次電池である。これらの電池は、充電と放電を繰り返すことで内部の化学変化が進み、最終的には十分な充電ができなくなる。

④ 空気亜鉛電池は、主にボタン形電池として補聴器などで使用されている。電池の空気穴に貼られているシールをはがすと、酸素を取り込み電気エネルギーが発生するようになり、電池として使用可能になる。

正解　③

解説 ▼

① 【〇】メモリー効果は、充電池を使い切らずに継ぎ足し充電を繰り返し行うことで、使用可能な容量が見かけ上、減ってしまうことをいう。リチウムイオン二次電池パックは、継ぎ足し充電してもメモリー効果は発生しないが、過充電や過放電により性能が低下することがある。

② 【〇】ニッケル・水素充電池は、物理的な寸法が一般的な乾電池と同等のものがある。しかし、ニッケル・水素充電池の公称電圧は1.2Vで、アルカリ乾電池やマンガン乾電池に比べて低いので、一部の機器は正常に動作しないことがあるので、機器の取扱説明書などで使用の可否を確認する必要がある。

③ 【×】酸化銀電池やアルカリ乾電池は、充電が可能な二次電池ではなく、使い切ると放電して寿命が終わってしまう一次電池である。ニッケル・水素充電池やリチウムイオン二次電池などが、二次電池である。

④ 【〇】空気亜鉛電池は、大気中の酸素を取り込んで電気エネルギーを発生するボタン型の電池である。放電持続時間が長く、電圧も一定であることから、補聴器などの消費電力の小さい機器に使用されている。正極に貼ってある密閉用のシールを剥がすと化学反応を起こして放電を始めるが、いったんシールを剥がすと貼り直しても化学反応は止まらない。

生活家電
商品知識・取扱

問題&解説

問題 1

次の説明文は、家庭用エアコン（以下「エアコン」という）および関連する事柄について述べたものである。

（ア）～（オ）に当てはまる最も適切な語句を解答欄の語群①～⑩から選択しなさい。

- 高気密住宅などで、換気扇を使用したときや屋外に強風が吹いているときにドレンホースから進入した空気が逆流し、室内機のドレンパンを通過する際、"ポコポコ"と異音がする場合がある。その場合、部屋に吸気口を設けて室内が（ア）にならないようにするなどの対策をとるとよい。

- エアコンの据付工事において、電源プラグは、必ずエアコン専用のコンセントに直接差し込む必要がある。また、電源コードを加工して使用してはいけない。さらに、安全のためにD種接地工事が（イ）いる。

- （ウ）とは、エアコンを取り外すときに、冷媒を大気に放出しないよう室外機に冷媒を回収することをいう。（ウ）作業で配管内に空気が入ると、異常な温度上昇と空気圧縮によりコンプレッサーが破裂する危険性があるので、据付工事説明書などに記載された所定の手順に従って作業する必要がある。

- エアコンと（エ）センサーを連動させることにより、例えば、離れて暮らす親の見守りができるエアコンがある。この製品は、人の動きや脈拍、呼吸などのわずかな動きを（エ）センサーで検知し、在室／不在、入眠・睡眠のタイミング、平均睡眠時間などやエアコンの運転状況をスマートフォンで確認できる。

- カタログなどに記載されているフロンラベルには、（オ）について定められた目標を達成すべき「目標年度」、「目標の達成度」、「使用ガスの（オ）」などが表示されている。

【語群】

① マイクロ波方式　　　　② 義務づけられて
③ エアパージ　　　　　　④ 赤外線
⑤ 負圧　　　　　　　　　⑥ 正圧
⑦ オゾン層破壊係数　　　⑧ ポンプダウン
⑨ 地球温暖化係数　　　　⑩ 推奨されて

正解　（ア）⑤　　（イ）②　　（ウ）⑧　　（エ）①　　（オ）⑨

解説 ▼

- 高気密住宅などで"ポコポコ"音が発生しないようにするためには、部屋に吸気口を設けて室内が 負圧 にならないようにするなどの対策をとるとよい。

- エアコンの据付工事においては、安全のためにD種接地工事が 義務づけられて いる。

- ポンプダウン とは、エアコンを取り外すときに、冷媒を大気に放出しないよう室外機に冷媒を回収することをいう。 ポンプダウン 作業で配管内に空気が入ると、異常な温度上昇と空気圧縮によりコンプレッサーが破裂する危険性がある。

- エアコンと マイクロ波方式 センサーを連動させることにより、例えば、離れて暮らす親の見守りができるエアコンがある。この製品は、人の動きや脈拍、呼吸などのわずかな動きを マイクロ波方式 センサーで検知し、在室／不在、入眠・睡眠のタイミング、平均睡眠時間などをスマートフォンで確認できる。

- フロンラベルには、 地球温暖化係数 について定められた目標を達成すべき「目標年度」、「目標の達成度」、「使用ガスの 地球温暖化係数 」などが表示されている。フロンラベルは、カタログ・ウェブサイト・製品本体・包装などに表示されている。

問題 2　①～④の説明文は、家庭用エアコン（以下「エアコン」という）および関連する事柄について述べたものである。
説明の内容が<u>誤っている</u>ものを１つ選択しなさい。

① インバーターエアコンは、圧縮機モーターの回転数を変えて圧縮機からの冷媒流量を変化させることで、冷房・暖房能力を調整する。一定速エアコンと比べ、室温変化を小さく抑えることができ、省エネ性にも優れている。

② エアコンの統一省エネラベルについては、2022 年の省エネ基準改正で一般地仕様／寒冷地仕様の区分が設けられたことに伴い、寒冷地仕様のラベルが新設された。また、省エネ性能が「1.0 から 5.0 までの 0.1 刻みの評価点」で表示されるようになり、ミニラベルも新設された。

③ エアコンをはじめとして、無線 LAN 機能による遠隔操作を行えるようにした家電製品が増えている。これらの取扱説明書などには「心臓ペースメーカーを本機に近づけない」、「医療用電気機器のある部屋では無線機能を使用しない」、「自動制御機器（自動ドア、火災報知器など）の近くで使用しない」などの注意事項が記載されている。

④ カタログなどには、それぞれの製品が適合する部屋の大きさとして「畳数の目安」が表示されている。例えば、「畳数の目安６畳～９畳」という表示は、鉄筋集合住宅中間階南向き洋間の場合には６畳までの広さ、木造平屋建て南向き和室の場合には９畳までの広さに適していることを示している。

正解　④

解説 ▼

① 【○】一定速エアコンは、電源周波数に応じて圧縮機モーターの回転数が決まり、一定の能力でしか運転できないため、圧縮機の ON/OFF によって室温を調節する。

② 【○】この改正において、家庭用エアコン（壁掛形）の目標年度は、従来の 2010 年度から 2027 年度に変更された。

③ 【○】これらの注意事項は、ペースメーカーや医療用電気機器、自動制御機器などの機器が誤動作を起こすおそれがあることから記載されているものである。

④ 【×】問題文において、「木造平屋建て南向き和室」と「鉄筋集合住宅中間階南向き洋間」を入れ替えると正文になる。

問題 3

（ア）～（オ）の説明文は、空気清浄機、加湿器、除湿機およびこれらの製品に関連する事柄について述べたものである。

組み合わせ①～④のうち、<u>説明の内容が誤っているものの組み合わせ</u>を1つ選択しなさい。

（ア）　石油ファンヒーターやガスファンヒーターなどの燃焼機器を使用すると、燃焼により空気中の水分が蒸発して室内は乾燥するが、エアコンの暖房運転では、空気中の水分量は変わらず室内が乾燥することはない。そのため、石油ファンヒーターやガスファンヒーターなどに代わってエアコンが普及するにつれ、加湿器が担う役割は小さくなっている。

（イ）　湿度の指標として絶対湿度や相対湿度がある。通常、気象予報や日常生活の中で使われるのは相対湿度のほうであり、体感温度にも相対湿度の大小が影響する。絶対湿度は、水蒸気そのものの量が分かるので「除湿や加湿の効果」を知ることができる。

（ウ）　空気清浄機の集じん効率の測定においては、一般社団法人日本電機工業会規格に基づき、試験粉じんとして「たばこの煙」を用いている。集じん性能は、同規格による試験を行ったとき、初期の集じん効率が 70% 以上でなければならないと規定されている。

（エ）　コンプレッサー式除湿機の場合、除湿可能な室温の範囲は約 1℃～ 40℃、デシカント式除湿機では約 7℃～ 40℃であり、それぞれの範囲を下回る温度では、どちらの方式も除湿運転から送風運転に切り替わる。低い気温下で使用することが多い場合は、コンプレッサー式を選ぶとよい。

（オ）　除湿機のカタログなどに表示されている「除湿可能面積の目安」は、次式により算出される。一戸建て木造住宅和室と一戸建てプレハブ住宅和室それぞれの「除湿可能面積の目安」を比べると、前者のほうが小さい。

$$除湿可能面積の目安 = \frac{除湿能力}{1 日 1\,m^2 \,当たり必要な除湿量}$$

【組み合わせ】
　①　（ア）と（イ）　　②　（イ）と（エ）　　③　（ウ）と（オ）　　④　（エ）と（ア）

正解 ④

解説 ▼

（ア）【×】石油ファンヒーターやガスファンヒーターなどの<u>燃焼機器を使用す</u>
　　　<u>ると、燃焼により水分が発生するため室内は乾燥しにくい。</u>一方、エアコン
　　　の暖房運転で室温が上昇することにより飽和水蒸気量は増えるが、水蒸気量
　　　は変化しないので、相対湿度が下がり室内が乾燥する。そのため、石油ファ
　　　ンヒーターやガスファンヒーターなどに代わってエアコンが普及するにつ
　　　れ、<u>加湿器が担う役割は大きくなっている。</u>

（イ）【〇】相対湿度とは、ある気温で大気が含むことのできる最大の水蒸気量
　　　（飽和水蒸気量）を100とし、実際の<u>水蒸気量の割合を百分率（パーセン</u>
　　　<u>テージ）で表したものである。</u>絶対湿度とは、<u>湿り空気中の渇き空気1kg</u>
　　　<u>当たりの水蒸気量をkgで表した値</u>である。

（ウ）【〇】集じん効率の測定には、粒子径が小さいたばこの煙（平均約0.3μm）
　　　を試験粉じんとして用いている。集じん性能は、日本電機工業会規格
　　　JEM1467「家庭用空気清浄機」による試験を行ったとき、<u>初期の集じん</u>
　　　<u>効率が70%以上</u>でなければならない。

（エ）【×】<u>コンプレッサー式除湿機の場合、除湿可能な室温の範囲は約7℃〜</u>
　　　<u>40℃、デシカント式除湿機の場合は約1℃〜40℃</u>であり、それぞれの範
　　　囲を下回る温度では、どちらの方式も除湿運転から送風運転に切り替わる。
　　　<u>低い気温下で使用することが多い場合は、デシカント式を選ぶとよい。</u>

（オ）【〇】JIS C 9617「電気除湿機」によると、例えば、1日1m^{2}当たり
　　　必要な除湿量は、一戸建て木造住宅和室の場合は0.480L/日m^2、一戸建
　　　てプレハブ住宅和室の場合は0.405L/日m^{2}と前者のほうが大きい。した
　　　がって、「除湿可能面積の目安」は前者のほうが小さい。

問題&解説
問題集 1

（ア）〜（オ）の説明文は、換気扇、浴室換気暖房乾燥機、火災警報器およびこれらの製品に関連する事柄について述べたものである。
説明の内容が示す<u>最も適切な</u>語句を解答欄の語群①〜⑩から選択しなさい。

（ア）　この部屋は、消防法で住宅用火災警報器の設置が義務づけられている部屋ではないが、自治体によっては、市町村条例で設置が義務づけられている。

（イ）　この換気扇は、キッチンコンロの上方に設置され、油煙などを捕集し、ダクトを使用して排気する。取付場所や用途に応じて深形、浅形、薄形、センターフード形などの種類・名称がある。

（ウ）　このタイプの熱交換器は、換気の際、温度や湿度の交換を行うことから省エネ効果は高くなるが、同時にニオイも室内に戻してしまうデメリットがある。そのため、湿度の高い浴室やニオイの発生するトイレについては、局所換気を行う必要がある。

（エ）　天井組込み形の浴室換気暖房乾燥機を据え付ける場合、浴室内への温風吹出口および空気吸込口の前方の、この距離未満の範囲内には造営材など（洗濯物やランドリーパイプなど）を設けてはいけない。

（オ）　この換気方式は、室内の空気を機械換気で強制的に排気し、給気口から自然に給気する方式である。主に、高気密住宅での計画換気を低コスト化できるという特徴がある。

【語群】

①	第1種換気	②	顕熱交換器
③	100mm	④	台所
⑤	レンジフードファン	⑥	全熱交換器
⑦	寝室	⑧	第3種換気
⑨	700mm	⑩	ダクト用換気扇

正解　（ア）④　　（イ）⑤　　（ウ）⑥　　（エ）③　　（オ）⑧

解説▼

（ア）　台所 は、消防法で住宅用火災警報器の設置が義務づけられている部屋ではないが、自治体によっては、市町村条例で設置が義務づけられている。寝室は、就寝時の火災による死者数が多いことから、消防法で設置が義務づけられている。寝室が２階以上にある場合は、その階の階段上部にも設置しなければならない。

（イ）　問題文は、レンジフードファン の説明である。ダクト用換気扇とは、換気をする部屋の給排気口と外部が離れている場合に使用する換気扇である。

（ウ）　全熱交換器 は、換気の際、温度（顕熱）と湿度（潜熱）の交換を行うが、顕熱交換器は温度だけを交換し、湿度は交換しない。そのため、省エネ効果は 全熱交換器 のほうが高い。

（エ）　100mm 未満という離隔距離は、消防法、同法施行令および日本電機工業会が定めた「組込形浴室用乾燥機等の設置に関する自主基準」による。

（オ）　換気方式として、第１種換気（強制給排気）、第２種換気（強制給気）、第３種換気（強制排気）がある。機械換気で強制的に排気し、給気口から自然に給気する方式は、第３種換気 である。

問題 5	（ア）～（オ）の説明文は、家庭用冷凍冷蔵庫（以下「冷蔵庫」という）および関連する事柄について述べたものである。 説明の内容が<u>正しいもの</u>は①を、<u>誤っているもの</u>は②を選択しなさい。

（ア）　冷蔵室内に設置したネットワークカメラにより、庫内を撮影した画像をクラウドに保存する機能を持つ冷蔵庫が販売されている。この製品では、専用アプリを用いて、庫内の食材の名称や個数、賞味期限を登録し管理することもできる。また、このアプリで賞味期限前日の食材が事前通知されるため、食品ロスも減らせる。

（イ）　「食品収納スペースの目安」は、JIS に基づき、庫内の温度制御に必要でない庫内部品（棚やケースなど）を外した状態で算出したものである。また、定格内容積は、庫内部品を取り付けた状態で算出したものである。カタログなどには、貯蔵室ごとに「食品収納スペースの目安」の表示と併せて、定格内容積を〈　〉内に表示している。

（ウ）　現在主流になっているノンフロン冷蔵庫の冷媒 R134a（代替フロン）は、かつて主流であった R600a（イソブタン）に比べて地球温暖化係数が約 1/400 である。

（エ）　冷蔵庫の設置状況や使用状況、周囲の環境によっては、冷蔵庫の運転による振動で床や棚などが共振して音が大きく響いたり、変わった音に聞こえたりする場合がある。例えば、背面からの「ブーン」、「キーン」、「ガタガタ」という音は異常ではない可能性があるので、問い合わせ前に各社ホームページなどで確認するとよい。

（オ）　冷凍室の性能は、記号によって区分表示されている。下図は「スリースター」と呼ばれる記号であり、JIS に規定された条件で試験したときの食品温度が－25℃以下となるものをいう。この場合の冷凍食品の貯蔵期間の目安は、約6か月とされている。

正解　（ア）　①　　（イ）　②　　（ウ）　②　　（エ）　①　　（オ）　②

解説▼

（ア）【○】この製品では、外出先からスマートフォンで画像を確認することで、食材の買い忘れや二重買いを防止するとともに、庫内の食材を確認しながら献立を考えることができる。

（イ）【×】問題文において、定格内容積と「食品収納スペースの目安」を入れ替えると正文になる。食品収納スペースとは、“貯蔵室ごとの実際に食品を収納することができる空間の容積”のことであり、定格内容積に比べると小さい。

（ウ）【×】現在主流になっているノンフロン冷蔵庫の冷媒R600a（イソブタン）は、かつて主流であったR134a（代替フロン）に比べて地球温暖化係数が約1/400である。

（エ）【○】例えば、背面からの「ブーン」という音はファンの運転音、「キーン」という音は圧縮機の運転音、「ガタガタ」という音は圧縮機が運転を始めるときや停止するときの音の可能性がある。

（オ）【×】問題に示した図は「フォースター」と呼ばれる記号であり、JISに規定された条件で試験したときの食品温度が−18℃以下となるものをいう。この場合の冷凍食品の貯蔵期間の目安は、約3か月とされている。

問題＆解説
問題集 1

問題 6

①～④の説明文は、ジャー炊飯器および関連する事柄について述べたものである。
説明の内容が<u>誤っているもの</u>を 1 つ選択しなさい。

① IH ジャー炊飯器には、大きく分けて、浸し、炊飯、蒸らし、保温といった 4 つの機能がある。一般的に、浸しの工程では水温を 40℃ほどに上げて、20 分間程度の浸しを行う。真空ポンプを使って内釜の中を減圧し、米の吸水性を高めることで浸し時間を短縮できる製品もある。

② IH ジャー炊飯器は、加熱コイルに高周波電流を流して磁力線を発生させることで、内釜に渦電流が生じ、内釜の電気抵抗により内釜自体が発熱する方式である。内釜は、基本的に、誘導加熱の発熱層となる素材と熱伝導率の高い素材を接合した多層構造となっている。また、内側の面には耐久性の高いフッ素樹脂加工が施されている。

③ 圧力式 IH ジャー炊飯器は圧力をかけて炊飯するため、圧力釜や圧力鍋と同じく PSC マークと SG マークが本体に表示されているが、圧力式以外のジャー炊飯器に表示されている PSE マークと S マークは、圧力式には表示されていない。これは、PSC マークと SG マークがそれぞれ PSE マークと S マークよりも厳しい安全基準であることによる。

④ IH ジャー炊飯器のなかには、蒸気の噴き出しを抑制する機能を搭載している製品がある。蒸気の噴き出しが抑制されれば、蒸気による臭いや湿気が減るので、キッチン以外の場所に置けたり、誤って子どもが触っても蒸気によるやけどの危険性が減ったりするなどのメリットがある。

正解　③

解説 ▼

① 【○】内釜の中を<u>減圧</u>（約 0.5 気圧）し、米の吸水性を高めることで浸し時間を<u>短縮</u>できる製品もある。

② 【○】内釜は、<u>発熱効率の向上、蓄熱性の向上、均一加熱</u>のためにステンレス、アルミ、銅などの素材を接合した多層構造になっている。また、鉄や炭などの素材を使った内釜もある。

③ 【×】圧力式 IH ジャー炊飯器は、圧力釜や圧力鍋と同じく <u>PSC マークと SG マーク</u>が本体に表示されている。また、圧力式 IH ジャー炊飯器には、圧力式でないジャー炊飯器と同様に <u>PSE マークとS マークも表示</u>されている。各マークはそれぞれ別の法律や制度によっており、<u>安全基準の厳しさの度合いが違うというものではない</u>。

④ 【○】一般的な構造のジャー炊飯器では吹きこぼれないように火力調節を行う必要があるが、蒸気の噴き出しを抑制する製品の場合、（同時に）<u>吹きこぼれも抑制するので、連続して高火力を加えられる</u>利点もある。

問題 7

（ア）～（オ）の説明文は、IH クッキングヒーターおよび関連する事柄について述べたものである。
説明の内容が<u>正しいもの</u>は①を、<u>誤っているもの</u>は②を選択しなさい。
なお、問題文中の IH クッキングヒーターは製品全体を示し、IH ヒーターは同製品の IH ヒーター部分を示すものとする。

（ア）　トッププレートの汚れや焦げ付きを防止するための汚れ防止マットが販売されている。このマットを使うことで、トッププレートの傷つきや割れの抑制効果も期待できるため、IH クッキングヒーターのメーカー各社はこのマットの使用を推奨している。

（イ）　複数の IH ヒーターやグリルを同時に使用すると、総消費電力を超えないよう、IH ヒーターの火力を自動的に調節する場合がある。高火力が必要な場合は、同時使用を止めるか、ほかのヒーターの火力を弱める必要がある。

（ウ）　グリル調理で発生した煙やニオイを、パラジウム触媒に通すことで除去する製品がある。この製品では、煙が触媒を通過するとき、煙の主成分である「炭化水素」が「水」と「二酸化炭素」に分解され除去される。

（エ）　特定安全 IH 調理器は、トッププレート上の熱源が IH ヒーターとラジエントヒーターで構成された組込形機器および据置形機器であり、かつ、すべてのヒーターに特定の安全性を備えた回路保護装置が付いた機器である。一般社団法人日本電機工業会が定めた自主基準では、特定安全 IH 調理器とレンジフードのグリスフィルターとの離隔距離は 120cm 以上としている。

（オ）　材質や形状によって、IH ヒーターに使用できる鍋と使用できない鍋がある。下図のマークが表示された鍋は、IH 加熱専用の鍋であり、ラジエントヒーター、シーズヒーター、ハロゲンヒーターには対応していない。

正解　（ア）②　（イ）①　（ウ）①　（エ）②　（オ）①

解説▼

(ア)【×】汚れ防止マットを敷いて油を加熱し続けると、鍋底の温度を正確に検知できず、異常に温度が上昇して油が発火するおそれがある。そのためIHクッキングヒーターのメーカー各社は、汚れ防止マットについて使用禁止の警告表示をしている。

(イ)【○】問題文に挙げた火力調節機能のほか、予熱時や炒め物中などに鍋底の温度が上がりすぎないように自動的に火力が弱くなるが、温度が下がると自動的に火力は強くなるという機能（温度過昇防止機能）もある。

(ウ)【○】パラジウム触媒は触媒用ヒーターにより加熱され活性化しているため、煙が触媒を通過するとき、煙の主成分である炭化水素（HC）が水（H2O）と二酸化炭素（CO2）に分解される。

(エ)【×】特定安全IH調理器は、トッププレート上の熱源がIHヒーターだけで構成された組込形機器および据置形機器であり、かつ、すべてのIHヒーターに特定の安全性を備えた調理油過熱防止装置が付いた機器である。一般社団法人日本電機工業会が定めた自主基準では、特定安全IH調理器とレンジフードのグリスフィルターとの離隔距離は60cm以上としている。

(オ)【○】SGマークは、一般財団法人製品安全協会が定めたSG基準に適合したことを示している。万一製品の欠陥による人身事故が生じた場合、被害者救済制度として同協会による賠償措置がある。IHヒーター用の鍋に適用されるSGマークのうち、 Ⓢ IH はIH加熱方式専用鍋に表示されるマークである。

①～④の説明文は、オーブンレンジ・電子レンジおよび関連する事柄について述べたものである。
説明の内容が<u>誤っているもの</u>を1つ選択しなさい。

① オーブン加熱は、ヒーターで庫内の空気を加熱し、その熱を食品表面に伝えて食品の温度を高めて焼く方法である。これに対し、グリル加熱は、ヒーターからの強い放射熱により食品の表面を焼き上げる方法である。

② 過熱水蒸気加熱では、300℃超の高温加熱により、食品中の油脂が溶けて食品が収縮し、油脂が食品表面ににじみ出てくる。表面ににじみ出た油脂は、食品から滴り落ちるため脱油効果が得られる。ただし、塩分はそのまま食品中に残り、減塩効果は得られない。

③ 無線 LAN 経由で専用クラウドサービスに接続し、クラウド上の AI を活用した機能を有する製品がある。例えば、各家庭の調理履歴を学習して頻度の高い機能やメニューを表示したり、季節や時間帯に応じたメニューを提案したりできる。

④ レンジ加熱して過加熱状態になった水を電子レンジから取り出し、コーヒーの粉末などを入れると突然沸騰することがある。この現象を防止するには、加熱しすぎたと感じた場合、しばらく冷ましてから電子レンジから取り出すとよい。

正解　②

解説▼

① 【○】オーブン加熱は、（レンジ加熱と異なり）<u>ヒーターで加熱するので、電磁波を反射する素材で食品が包まれていても加熱できる。</u>パン、ケーキ、焼き豚、ハンバーグなどの料理に適している。グリル加熱は、食品の表面に香ばしい焦げ目を付けることができるので、焼き魚、ステーキ、焼き鳥などに適している。

② 【×】過熱水蒸気加熱では、以下のプロセスを繰り返すことで減塩効果も得られる。

1）加熱により<u>食品表面に凝縮水が付着</u>する。

2）<u>食品表面近くの塩分が凝縮水に溶け出して、水と一緒に食品から滴り落ちる。</u>

3）食品表面近くと内部の塩分濃度差が生じ、<u>内部の塩分が表面近くに移動する。</u>

③ 【○】この製品は、以下の機能も有する。

・話しかけるだけで、その言葉を理解して必要な設定を行ってくれるので、スタートボタンを押すだけで済む。

・対応できる調理メニューがクラウド上で増えていき、調理履歴を加味したうえで新しいメニューを提案する。

④ 【○】この現象は突沸と呼ばれ、防止するには加熱しすぎたと思った場合、すぐにその水を電子レンジから取り出すのではなく、<u>しばらく冷ましてから取り出す</u>とよい。また、過加熱状態にならないように、<u>加熱時間を短めにしたり、飲み物は加熱前にスプーンなどでかき混ぜたりする</u>とよい。

問題&解説
問題集 1

（ア）～（オ）の説明文は、洗濯機、洗濯乾燥機およびこれらの製品に関連する事柄について述べたものである。
組み合わせ①～④のうち、説明の内容が誤っているものの組み合わせを1つ選択しなさい。

（ア）　ヒーター乾燥方式のひとつである空冷除湿方式は、ヒーターで暖めた空気を機体内に循環させて湿気を含んだ温風にし、外気で冷却された熱交換器を通過させ、湿気を凝縮させて水滴にして取り除く方式である。水冷除湿方式と比較すると、湿気や熱が多少室内に排出されるものの、その分、乾燥時間は短くて済むという利点がある。

（イ）　一般的に、タテ型洗濯機は、衣類を水没させるため使用水量は多くなる。また、パルセーターを回転させて強い機械力で水流を起こし、衣類と衣類をこすり合わせて汚れを落とすため、ドラム式と比べて衣類は傷みやすく、からみやすい。

（ウ）　乾燥フィルターの自動掃除機能によりゴミ取りの手間を軽減できる洗濯乾燥機がある。さらには、乾燥フィルターを備えておらず、その代わりに洗濯・脱水槽（外側）、水槽（内側）、乾燥ダクトおよびドアパッキン（裏側）に付着したホコリ・糸くず・汚れを自動的に洗い流す機能を有する製品もある。

（エ）　IoT技術を利用して洗濯機の遠隔操作を行うために必須となる機能が、液体洗剤・柔軟剤自動投入機能である。これは、液体洗剤や柔軟剤を洗濯機に搭載されたタンクに補充しておけば、洗濯のたびに最適な量を自動で計量・投入するものであり、タンク内の洗剤や柔軟剤が少なくなると、プッシュ通知で知らせてくれる。

（オ）　風呂水ポンプ対応の洗濯機において、風呂水だけで洗い・すすぎ・脱水の全行程を行う場合は、水道の水栓を開けておく必要はない。ただし、水栓を閉じていると、途中で風呂水がなくなった場合は、自動的に運転が停止するので注意が必要である。

【組み合わせ】
　①　（ア）と（オ）
　②　（イ）と（エ）
　③　（ウ）と（オ）
　④　（エ）と（ア）

正解　①

解説▼

（ア）【×】空冷除湿方式は、水冷除湿方式と比較すると、湿気や熱が多少室内に排出されるものの、<u>除湿能力が低いため乾燥時間は長くなる</u>。

（イ）【○】ドラム式は、ドラムを回転させて<u>衣類を上から下へ落として「たたき洗い」</u>をするので、ドラムの底のほうに水がたまっていればよく、使用水量は少なくて済む。

（ウ）【○】乾燥フィルターの自動掃除機能として、ブレードがフィルター面に沿って動いてゴミをこそぎ落とし、ダストボックスにためる方式、あるいは水でフィルターに付いたゴミを洗い流し、ワイパーで残りのゴミをかき出す方式などがある。

（エ）【○】IoT 技術の活用事例として、ほかにも以下の事例が挙げられる。

・外出先からスマートフォンを利用して洗濯スタートを行うことにより、帰宅時間に洗濯終了時間を合わせることができる。

・洗濯機からスマートフォンへ洗濯の残り時間や終了の合図を送ったり、洗剤の補充やフィルターの手入れのタイミングを知らせたりできる。

（オ）【×】風呂水だけで洗い・すすぎ・脱水の全行程を行う場合も、風呂水ポンプ吸い上げ運転の際に<u>呼び水を給水するため、水道の水栓を開けておく</u>必要がある。また、水栓を開けておけば、<u>途中で風呂水がなくなった場合にも、自動で水道水給水に切り替わる</u>。

**問題
10**
①～④の説明文は、掃除機および関連する事柄について述べたものである。
説明の内容が<u>誤っているもの</u>を1つ選択しなさい。

① 一般的に、ロボットクリーナーにはリチウムイオン電池やニッケル水素電池などの二次電池が搭載されている。バッテリーの交換については、自分でできる機種と販売店やメーカーへの依頼が必要な機種がある。

② マッピング型のロボットクリーナーのなかには、ゴミの多い壁に沿って走行（ラウンド走行）し、続いて部屋を塗りつぶすように矩形走行（ルート走行）することにより、走行した軌跡をマッピングして部屋の間取りとゴミの多い箇所を学習するなどの機能を持つものもある。

③ 床ブラシは、畳やフローリング、じゅうたんなど、それぞれの床面に応じてゴミやホコリを効率的に吸い込むために走行性なども考慮して作られている。ターボブラシは、掃除機の吸い込む空気の流れを利用して回転ブレードを回転させることにより、じゅうたんの中の糸くずや綿ゴミなどをかき出しやすくした床ブラシである。

④ 吸込仕事率は、ダストケースにゴミがない状態からゴミ捨ての表示が出るまで（ゴミ捨てラインまで）掃除機を使ったときに、当初の吸込力をどれだけ維持しているかを示す指標である。紙パック式掃除機のカタログなどに「吸引力が99%以上持続」などと書かれているのは、この指標に基づくものである。

正解　④

解説 ▼

① 【○】ロボットクリーナーは、二次電池を内蔵しており、<u>清掃完了後や電池残量が少なくなった場合、自動的に充電台へ自走して戻れる製品が多い。充電完了後は、掃除途中の場所に戻り、未清掃のスペースの掃除を自動的に再開する</u>機能を有するものもある。

② 【○】マッピング型のロボットクリーナーのなかには、無線 LAN 対応により、スマートフォンの専用アプリで運転スケジュールの設定や掃除モードの選択、掃除を徹底したいエリアや掃除して欲しくないエリアなどの設定が行える製品もある。

③ 【○】<u>パワーブラシは、床ブラシにモーターが内蔵されていて、そのモーターにより回転する回転ブレードが</u>、じゅうたんの糸くずや綿ゴミなどをかき出し、吸い込む構造になっている。

④ 【×】問題文において、<u>吸込仕事率を吸込力持続率に、紙パック式掃除機をサイクロン式掃除機に置き換えると正文</u>になる。吸込仕事率とは、JIS の試験条件により、吸い込み状態を変化させた時の風量と真空度を測定し、この2つのパラメーターの積から求めた空気力学的動力曲線の最大値である。

問題 11

次の説明文は、照明器具および関連する事柄について述べたものである。
　(ア)　～　(オ)　に当てはまる最も適切な語句を解答欄の語群①～⑩
から選択しなさい。

- 蛍光ランプや LED の光源色は、JIS により昼光色、昼白色、白色、温白色および電球色の5種類に区分されている。そのうち、自然光の色味に近いのは　(ア)　であり、住宅やオフィスなどで幅広く使われている。

- 物の見え方に及ぼす光源の特性のことを演色性といい、これを数値で表した平均演色評価数 Ra が照明器具を選定するときの基準として用いられている。リビングや寝室などの住空間で使用する LED 照明器具には、　(イ)　以上のものを選ぶとよい。

- 「ランプを交換すれば、照明器具はずっと使える」と考えるのは間違いである。ランプ以外の照明器具の部品も、使用年数に伴い劣化する。一般に、使用年数が　(ウ)　を過ぎると、故障率が急に増えることが知られている。

- 　(エ)　は、光源がすべての方向に対して放出する光の量を表す値であり、この値が大きいほど明るい光源といえる。　(エ)　は、蛍光ランプや LED 電球などの光源や照明器具の明るさを表す量として、カタログなどに記載されている。

- 2019 年に省エネ法が改正され、従来の蛍光灯器具に加えて、新たに LED 電灯器具もトップランナー制度の対象となった。また、製品の表示については、　(オ)　の明るさの表示が義務づけられた。

【語群】

①	照明器具の光源	②	5年
③	Ra80	④	全光束（単位：ルーメン）
⑤	光度（単位：カンデラ）	⑥	照明器具
⑦	10年	⑧	昼白色
⑨	昼光色	⑩	Ra100

正解　（ア）⑧　　（イ）③　　（ウ）⑦　　（エ）④　　（オ）⑥

解説▼

- 光源色のうち、自然光の色味に近いのは 昼白色 であり、住宅やオフィスなどで幅広く使われている。昼光色はすがすがしいさわやかな光であり、電球色は温かみのある落ち着いた雰囲気を演出する光である。

- リビングや寝室などの住空間で使用する LED 照明器具には、 Ra80 以上のものを選ぶとよい。演色評価数は、基準光で見たときを 100 とし、100 に近いほど自然の色に近く見えることになるが、一般的に Ra が 80 以上であれば、色の再現性が良いといわれている。

- 「ランプを交換すれば、照明器具はずっと使える」と考えるのは間違いである。ランプ以外の照明器具の部品も、使用年数に伴い劣化する。一般に、使用年数が 10 年 を過ぎると、故障率が急に増えることが知られている。

- 全光束（単位：ルーメン） は、光源がすべての方向に対して放出する光の量を表す値であり、この値が大きいほど明るい光源といえる。全光束は、蛍光ランプや LED 電球などの光源や照明器具の明るさを表す量として、カタログなどに記載されている。光度（単位：カンデラ）は、光源の光の強さを表す値である。

- 2019 年に省エネ法が改正され、従来の蛍光灯器具に加えて、新たに LED 電灯器具もトップランナー制度の対象となった。また、製品の表示については、 照明器具 の明るさの表示が義務づけられた。

問題 12

①～④の説明文は、住宅用太陽光発電システム（以下「太陽光発電システム」という）および関連する事柄について述べたものである。
説明の内容が<u>誤っているもの</u>を1つ選択しなさい。

① 太陽光発電の余剰電力買取契約終了後の余剰電力の有効活用方法として、家庭用蓄電池に電気を蓄えて夜間に使ったり、プラグインハイブリッド自動車（PHV）や電気自動車（EV）に充電したりする方法などがある。ただし、PHV や EV に充電した場合、その電気を家で（家庭用電源として）使うことはできない。

② 太陽光発電システムの自立運転では、交流 100V、最大 1.5kW まで電気が使える。自立運転については、以下の注意などが必要である。

　・発電を行わない夜間は使用できない。

　・停電が復旧したときは、運転切替スイッチを連系運転モードに戻す。

③ 太陽光発電に関わる保証・補償として「機器・システム保証」、「出力保証」、「自然災害補償」などがある。太陽光発電は購入時だけでなく、修理・交換時の費用も大きいので保証内容を十分にチェックしておく必要がある。「出力保証」とは、発電量が出力保証値を下回った場合に、太陽電池モジュールの修理・交換を行うものである。

④ 太陽電池において、複数枚のセル（下図A）をつなぎ合わせて強化ガラスなどのパッケージにおさめ、高出力を取り出せるようにしたものをモジュール（下図B）といい、さらに大きな電力を取り出せるように複数枚のモジュールを接続したものをアレイ（下図C）という。

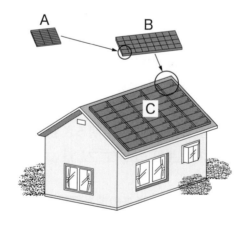

正解　①

解説 ▽

① 【×】V2H（Vehicle to Home）機器を使って、<u>プラグインハイブリッ</u>
<u>ド自動車、電気自動車に蓄えた電気を家で（家庭用電源として）使う</u>ことがで
きる。

② 【〇】停電時でも日射があれば、自立運転モードに切り替えることにより<u>自</u>
<u>立運転コンセントから交流100V、最大1.5kWまで電気が使える。</u>なお、
太陽電池モジュールが1.5kW以上設置されている場合でも、最大1.5kWま
でしか電力供給できない。

③ 【〇】「機器・システム保証」として、太陽光パネルやパワコン、接続箱、ス
トリングコンバーター、昇圧ユニットなどの<u>製造上の不具合、破損に対して、</u>
<u>ほとんどのメーカーで最低10年間の無料保証を付帯している。</u>「<u>自然災害補</u>
<u>償」は、火事、台風、落雷、地震などによるシステム破損を補償する</u>ものであ
る。

④ 【〇】<u>セルは太陽電池の機能を持つ最少の単位であり、モジュールは工事の</u>
<u>際の最少単位</u>である。また、<u>アレイはモジュールを複数枚接続し、架台に設置</u>
<u>した</u>ものである。

問題 13

（ア）〜（オ）の説明文は、エコキュートおよび関連する事柄について述べたものである。
説明の内容が<u>正しいもの</u>は①を、<u>誤っているもの</u>は②を選択しなさい。

（ア）　減圧弁は、湯沸かし時の水の体積膨張による圧力上昇に対してタンクを保護するための機能部品であり、タンク下部に設けられている。減圧弁は消耗部品のため、定期的に点検を行い、その結果によっては交換が必要となる。

（イ）　エコキュートは、以下の行程を繰り返すことにより湯を沸かす。
- ・ファンで風を空気熱交換器に送って大気熱を集め、冷媒に熱を伝える。
- ・熱を吸収した冷媒は、コンプレッサーで圧縮されてさらに高温になる。
- ・高温になった冷媒の熱を水熱交換器で水に伝え、湯をつくる。
- ・水に熱を奪われた冷媒は、膨張弁で減圧され、空気熱交換器へ送られ蒸発する。

（ウ）　エコキュートは、災害などで水道の供給が止まっても、タンク内の水または湯が残っていれば、「生活用水」としてシャワーや蛇口から湯を出すことができる。ただし、シャワーや蛇口からは約90℃の熱湯が出ることがあるので、やけどに注意しなければならない。なお、冷ませば「飲用水」としてもそのまま使用できる。

（エ）　貯湯タンクは、使用した湯量の分の水道水が給水口から自動的に補給される仕組みになっている。補給された水は、タンク上部の湯と対流し混合されるため、しばらくするとタンク内全体がほぼ均一な湯温（約90℃）になる。これにより、安定した温度の湯を供給することができる。

（オ）　一般的に、エコキュートは、停電時でも貯湯タンクに湯が残っており、かつ断水していなければ、シャワーや蛇口から湯を出すことができる。ただし、井戸水専用エコキュートや水道直圧給湯方式エコキュートにはこの機能はない。

正解　（ア）②　（イ）①　（ウ）②　（エ）②　（オ）①

解説▼

（ア）【×】湯沸かし時の水の体積膨張による<u>圧力上昇に対してタンクを保護す</u>
<u>るための機能部品は、（減圧弁ではなく）逃がし弁であり、タンク上部に設</u>
<u>けられている。</u>減圧弁とは、水道圧を減圧してタンクに給水することにより
タンクを保護するための機能部品である。

（イ）【〇】エコキュートは、問題文に記述した行程を繰り返すことにより、ヒー
トポンプユニットの<u>空気熱交換器で大気熱を吸収し、その熱を水熱交換器で</u>
<u>水に伝えて約90℃の湯を沸かす仕組みである。</u>

（ウ）【×】災害などで<u>水道の供給が止まったときにシャワーや蛇口から湯を出</u>
<u>すことはできない。</u>タンク下部の非常用取水栓から取り出すことはできる
が、<u>飲用水として使用することはできない。</u>なお、やむを得ない場合は「必
ず一度沸騰させることで飲用可」としている製品もある。

（エ）【×】タンク上部の湯と下部の水は混合されていくが、<u>湯水の温度差が</u>
<u>20℃以上になると、湯水混合層ができ、この層を境にして湯水の対流はほ</u>
<u>とんど起きなくなる。</u>そのため、タンク内全体がほぼ均一な湯温（約
90℃）になることはない。出湯操作を行うと、湯水混合層より上部の熱い
湯が先に出て（下部の水はすぐには出てこず）、安定した湯温を保つことが
できる。

（オ）【〇】<u>井戸水専用エコキュートは、停電時には井戸水ポンプも停止するの</u>
<u>で（タンク内の湯を押し出せず）湯を使うことはできない。</u>また、<u>水道直圧</u>
<u>給湯方式エコキュートの場合は、タンク内の湯は熱源として利用するだけで</u>
<u>あり、直接給湯する構造ではないので、停電時に湯を使うことはできない。</u>

（ア）～（オ）の説明文は、温水洗浄便座および関連する事柄について述べたものである。
組み合わせ①～④のうち、<u>説明の内容が誤っているものの組み合わせ</u>を 1 つ選択しなさい。

（ア）　トイレに人がいないときの待機電力をゼロにするモードを搭載した製品では、電源プラグを抜かずに待機電力をゼロにすることができる。ただし、このモードでは人の出入りを検知するリモコンのセンサー信号を受信できないので、便座のふたの自動開閉はできない。

（イ）　温水洗浄便座の脱臭機能とは、ニオイの元である硫化水素、メチルメルカプタン、アンモニアなどを取り除くものである。ニオイを吸着して触媒で分解する方式が一般的であり、ニオイを吸着する部分は定期的に交換する必要がある。

（ウ）　一般家庭においては、トイレでの水使用量が風呂に次いで 2 番目に多いという統計データがある。トイレの節水は CO_2 削減効果が高いことから、国として、例えば、2021 年には節水トイレ（節水型トイレ）をグリーン住宅ポイント制度の対象製品にするなど普及促進に取り組んでいる。

（エ）　一般社団法人日本レストルーム工業会では、"だれでも安心して使えるトイレ環境"を目指し、トイレ操作パネルにおける主要項目の標準ピクトグラムを策定した。現在、JIS に登録されているピクトグラムは「便器洗浄（大）」、「便器洗浄（小）」、「おしり洗浄」、「ビデ洗浄」、「乾燥」、「便ふた開閉」、「便座開閉」の 7 種類である。

（オ）　温水洗浄便座の省エネトップランナー基準は、瞬間式と貯湯式で異なる目標基準値が設定されている。2023 年 8 月 1 日現在、それぞれの目標基準値は、瞬間式 183kWh/ 年、貯湯式 135kWh/ 年である。

【組み合わせ】
①　（ア）と（イ）
②　（イ）と（ウ）
③　（エ）と（オ）
④　（オ）と（ア）

正解 ④

解説 ▼

(ア)　【×】「待機電力ゼロモード」では、必要最低限の機能（人の出入りを検知するリモコンのセンサー信号の受信）のみ常時通電し、本体への通電と便座保温を停止することにより消費電力を低減する。待機電力ゼロモードでも人の出入りは検知するので、便座のふたは自動開閉する。

(イ)　【○】脱臭機能は、人感センサーで入室を検知したり、ふたを開けたりすることで起動して脱臭を開始し、一定時間後に自動的に停止する。

(ウ)　【○】家庭で使用する水道水は、浄水場で処理されて飲用に供せられ、また、家庭で使用した後の水は、下水道を通り、処理されて河川に戻されるが、これらの処理を行うときに電力を消費する。すなわち、節水は節電につながり、節電はCO_2削減につながる。

(エ)　【○】この標準ピクトグラムは、JIS S 0103「消費者用図記号」に登録されており、日本レストルーム工業会に加盟する国内主要メーカーの2017年度以降の新製品より順次採用されている。

(オ)　【×】温水洗浄便座の省エネトップランナー基準において、瞬間式と貯湯式で異なる目標基準値が設定されている。2023年8月1日現在、それぞれの目標基準値は、瞬間式135kWh/年、貯湯式183kWh/年である。

問題
15

（ア）〜（オ）の説明文は、電源・電池および関連する事柄について述べた
ものである。
説明の内容が<u>正しいもの</u>は①を、<u>誤っているもの</u>は②を選択しなさい。

（ア）　従来、電力供給量に応じて需要量を変動させることにより、需給バランスを一致
させていた。これに対し、電力需要量に応じて供給量を変動させて需給バランス
を一致させる取り組みをデマンドレスポンスという。

（イ）　電圧がかかっている電気機器や電線に触れたり、漏電している電気機器に触れた
りすることで、電気が身体を通って地面へと流れ、衝撃を受けることを"感電"
という。感電による人体への影響の大きさは、「電流の大きさ」、「流れた時間」、
「流れた経路（人体の部位）」などによって異なる。

（ウ）　感震ブレーカーとは、設定値以上の震度の地震が発生した際に、電気火災を予防
するため、自動的に電気の供給を遮断するものである。分電盤タイプ、コンセン
トタイプ、簡易タイプなどがあるが、どのタイプも設置するためには電気工事が
必要である。

（エ）　２個以上の電池を入れる場合は、誤って１つだけ逆向きに入れると機器が正常に
動かなくなる。さらに、逆向きの電池は他の電池から充電されることとなり、プ
ラス極とマイナス極をショートする以上に電流が流れ、液漏れ、発熱、破裂を起
こすおそれがある。

（オ）　ボタン電池を廃棄する際は、プラス極とマイナス極をセロハンテープで絶縁する
など、電池のショート防止を施したうえで、ボタン電池回収缶に入れる必要があ
る。なお、回収されたボタン電池において、最終的に水銀、鉄、亜鉛化合物など
としてリサイクルされる分はわずかであり、現状は多くの廃棄処分や埋立処分が
発生している。

正解　（ア）　②　　（イ）　①　　（ウ）　②　　（エ）　①　　（オ）　②

解説 ▼

（ア）【×】従来、電力需要量に応じて供給量を変動させることにより、需給バランスを一致させていた。これに対し、<u>電力供給量に応じて需要量を変動させて需給バランスを一致させる取り組みをデマンドレスポンス</u>という。

（イ）【〇】感電防止のためには<u>「電気機器にアースや漏電遮断器を設置する」</u>、「ぬれた手で電気機器を触らない」、「壊れている電気機器は使用しない」、「コンセントカバーを使う」などの対策が必要である。

（ウ）【×】分電盤タイプは電気工事が必要である。コンセントタイプには埋込型とタップ型があり、そのうち埋込型は、既に設置してあるコンセントを撤去し、感震センサー付きコンセントと交換するための電気工事が必要である。一方、<u>タップ型は既設コンセントに差し込むだけで使えるので、電気工事を行う必要はない</u>。また、<u>簡易タイプも電気工事は不要</u>である。

（エ）【〇】機器によっては、<u>電池を誤って逆向きに入れた場合、マイナス同士の電極が接触しないよう安全構造を施している</u>ものもある。

（オ）【×】回収されたボタン電池は、最終的に水銀、鉄、亜鉛化合物などとしてすべてリサイクルされるため、<u>廃棄処分や埋立処分は発生しない</u>。

問題
1

次の説明文は、家庭用エアコン（以下「エアコン」という）および関連する事柄について述べたものである。

（ア）～（オ）に当てはまる最も適切な語句を解答欄の語群①～⑩から選択しなさい。

・再熱除湿方式は、（ア）の熱交換器を再熱器と冷却器に分け、再熱器では室外に放出する熱の一部を利用して空気を暖め、冷却器では空気を冷やして除湿し、温かい空気と冷たい空気を混合して適温の乾いた空気を吹き出す方式である。

・エアコンの据付工事において、内外接続配管（室内機と室外機をつなぐ冷媒配管）の空気を取り除く作業を（イ）という。また、家庭用エアコン業界では、真空ポンプを使用して接続配管内の空気を抜き取り、冷媒を大気に放出しない（イ）の方法を「エコロジー工事」と呼んでいる。

・カタログなどに記載されているエアコンの運転音の大きさは、JIS に基づき（ウ）で表示されている。（ウ）は、音源との距離や方向などの位置関係によらず、運転音の大きさで一義的に決まる値である。

・枕元に設置した（エ）と連携し、睡眠の経過時間に合わせて、身体が心地よく感じる温度に自動制御するエアコンがある。この製品は、「眠り始めは低めの温度で運転し、起床に向けて徐々に温度を上げていく」という制御を行って得られた体感を（起床後に）フィードバックすることにより、寝室の温度を毎日好みの温度に調整できる。

・エアコンを取り付ける際には、電気の契約種別・容量およびそれぞれに適合する電源プラグの形状などをあらかじめ確認する必要がある。例えば、単相（オ）20A に適合する電源プラグ形状はエルバー形、単相（オ）15A の場合はタンデム形である。

エルバー形　　タンデム形　

【語群】

① エアパージ　　　② 200V　　　③ 人感センサー
④ 室外機　　　　　⑤ ポンプダウン　⑥ 温湿度センサー
⑦ 音響パワーレベル　⑧ 100V　　　⑨ 室内機
⑩ 音圧レベル

正解 （ア）⑨　（イ）①　（ウ）⑦　（エ）⑥　（オ）②

解説▼

- 再熱除湿方式は、 室内機 の熱交換器を再熱器と冷却器に分け、再熱器では室外に放出する熱の一部を利用して空気を暖め、冷却器では空気を冷やして除湿し、温かい空気と冷たい空気を混合して適温の乾いた空気を吹き出す方式である。

- エアコンの据付工事において、内外接続配管の空気を取り除く作業を エアパージ という。また、家庭用エアコン業界では、真空ポンプを使用して接続配管内の空気を抜き取り、冷媒を大気に放出しないことから エアパージ の方法を「エコロジー工事」と呼んでいる。

- カタログなどに記載されているエアコンの運転音の大きさは、JIS に基づき 音響パワーレベル で表示されている。 音響パワーレベル は、音源との距離や方向などの位置関係によらず、運転音の大きさで一義的に決まる値である。

- 枕元に設置した 温湿度センサー と連携し、睡眠の経過時間に合わせて、身体が心地よく感じる温度に自動制御するエアコンがある。この製品は、照明と連携することで、起床前から徐々に寝室を明るくしていき、自然な目覚めをサポートする機能も持つ。

- エアコンを取り付ける際には、電気の契約種別・容量およびそれぞれに適合する電源プラグの形状などをあらかじめ確認する必要がある。例えば、単相 200V 20Aに適合する電源プラグ形状はエルバー形、単相 200V 15Aの場合はタンデム形である。

問題
2

①～④の説明文は、家庭用エアコン（以下「エアコン」という）および関連する事柄について述べたものである。
説明の内容が<u>誤っているもの</u>を１つ選択しなさい。

① カタログなどには、冷房・暖房の定格能力を表す数値が記載されているが、この値が大きいほど広い部屋に適合できることを示している。測定条件は JIS で定められており、冷房能力は外気温度 35℃、室内温度 27℃で運転した場合、暖房能力は外気温度 7℃、室内温度 20℃で運転した場合の能力である。

② 冷房時は、冷媒が液体から気体に変化する際に凝縮熱を吸収することを利用して部屋を冷やす。暖房時は、冷媒の流れを冷房時と逆にし、外気の熱を室外機で吸収して蒸発熱を室内に放出することにより部屋の空気を暖める。

③ 現在販売されているエアコンのなかには、AI が気象情報会社から PM2.5 や花粉の飛散予測の情報などを自動で取得し、実際に部屋の空気が汚れる前に自動的に空気清浄運転を開始するものがある。この製品は、事前の予測値と実績値に差があった場合、その差から AI が住宅の気密性を判定して予測を補正し、予測精度を高めていく機能を有している。

④ エアコンは、「長期使用製品安全表示制度」の対象製品であり、設計上の標準使用期間が過ぎたら、異常な音や振動、においなど、製品の変化に十分注意する必要がある。長年使用のエアコンで、電源プラグが変色していたり、ブレーカーが頻繁に落ちたりする症状などがみられる場合は、販売店またはメーカーに相談する。

正解　②

解説▼

①　【○】インバーターエアコンの場合、能力可変のため、カタログなどには<u>定格能力とともに能力範囲（最小能力～最大能力）を（　）内に表示</u>している。

②　【×】冷房時は、<u>冷媒が液体から気体に変化する際に蒸発熱を吸収</u>することを利用して部屋を冷やす。暖房時は、冷媒の流れを冷房時と逆にし、<u>外気の熱を室外機で吸収して凝縮熱を室内に放出</u>することにより部屋の空気を暖める。

③　【○】この製品は、以下の機能も有する。

・帰宅時、自宅周辺エリアに近づいた時点で、<u>室温が事前に設定した温度範囲から外れているとスマートフォンにポップアップ通知</u>する。これにより、外から運転ONし、帰宅前に快適な室温にしておける。

・人感センサーで人の動きを検知し、モニター機能により<u>宅外から家族の様子を確認</u>できる。

④　【○】エアコンは、「長期使用製品安全表示制度」の対象製品であり、2009年4月1日以降に製造・輸入された製品には、<u>製造年、設計上の標準使用期間、経年劣化についての注意喚起が製品本体や取扱説明書などに表示</u>されている。

問題3

（ア）～（オ）の説明文は、空気清浄機、加湿器、除湿機およびこれらの製品に関連する事柄について述べたものである。

組み合わせ①～④のうち、説明の内容が誤っているものの組み合わせを1つ選択しなさい。

（ア）空気清浄機では、たばこの煙に含まれる一酸化炭素は除去できない。また、建材から発生する化学物質やペットのニオイなどの常時発生しているものもすべて除去できるわけではないので、これらの対策には換気が必要である。

（イ）空気清浄機の集じんフィルターのひとつであるHEPAフィルターは、JISにおいて、定格流量で粒径が $0.3\mu m$ の粒子に対して99.97%以上の粒子捕集率を持つことなどが求められている。

（ウ）ハイブリッド式加湿器は、フィルター気化式の送風経路にヒーターを設けた構造で、温風を気化フィルターに当てることで加湿量を増やすことができる。ヒーターを使用しているが、気化フィルターに熱を奪われるので、一般的に、吹き出す加湿空気の温度は室温程度である。

（エ）除湿機の衣類乾燥モードを効率的に使用するための一般的な注意事項を以下に示す。
1）洗濯物全体に風が当たるようにする。
2）洗濯物は風がよく通るように間隔をあけて干す。
3）大きい部屋で窓を開けて運転する。
4）室温が低いときは暖房機を併用して室温を上げる。

（オ）除湿機のカタログなどに表示されている「除湿可能面積の目安」は、次式により算出される。一戸建て木造住宅和室と一戸建てプレハブ住宅和室それぞれの「除湿可能面積の目安」を比べると、前者のほうが大きい。

$$除湿可能面積の目安 = \frac{1日1m^2当たり必要な除湿量}{除湿能力}$$

【組み合わせ】
① （ア）と（オ）　② （イ）と（ウ）　③ （ウ）と（エ）　④ （エ）と（オ）

正解　④

解説 ▼

- （ア）【○】カタログの統一表示として、「たばこの有害物質（一酸化炭素など）は除去できません。常時発生し続けるニオイ成分（建材臭・ペット臭など）はすべて除去できるわけではありません」という文章が表示されている。

- （イ）【○】HEPA フィルター（High Efficiency Particulate Air filter）は、JIS Z 8122 によって「定格流量で粒径が 0.3 μm の粒子に対して 99.97% 以上の粒子捕集率を持ち、かつ初期圧力損失が 245Pa 以下の性能を持つエアフィルター」と規定されている。

- （ウ）【○】部屋の湿度が低いときは「温風気化加湿」で加湿量を増やし、部屋の湿度が設定値に近づくと、自動的にヒーターを OFF にして「送風気化加湿」に切り替わる。

- （エ）【×】注意事項のうち、「大きい部屋で窓を開けて運転する」は誤りであり、正しくは「小さい部屋を閉め切って運転する」である。

- （オ）【×】「除湿可能面積の目安」の算出式の分子と分母が逆になっている。また、一戸建て木造住宅和室と一戸建てプレハブ住宅和室それぞれの「除湿可能面積の目安」を比べると、前者のほうが小さい。

$$除湿可能面積の目安 = \frac{除湿能力}{1 日 1 m^2 当たり必要な除湿量}$$

問題
4

（ア）～（オ）の説明文は、換気扇、浴室換気暖房乾燥機、火災警報器およびこれらの製品に関連する事柄について述べたものである。
説明の内容が示す<u>最も適切な語句</u>を解答欄の語群①～⑩から選択しなさい。

（ア）　建築基準法にて、新築や改築の住宅に 24 時間換気が可能な換気設備の設置が義務づけられていることにより、この換気方式の普及が進んでいる。この方式では、新鮮な空気を居室に供給し、汚れた空気をトイレ・洗面所を経て屋外に排出するように換気設計を行う。

（イ）　2003 年の建築基準法改正により、これを防ぐ対策として、新築や改築の住宅には 24 時間換気が可能な換気設備の設置が義務づけられた。

（ウ）　住宅用火災警報器を天井に取り付ける場合の、壁または梁（はり）と火災警報器の設置位置（本体の中心）との最小の離隔距離。

（エ）　住宅用火災警報器の供給電源として、内蔵電池方式と家庭用電源方式がある。前者の場合、故障や電池切れがないか定期点検を行う必要がある。電池寿命はこの程度の年数であるが、使用環境により短くなる場合もある。

（オ）　浴室換気暖房乾燥機を据え付ける際の注意として、排気ダクトは、雨水や結露水の逆流を防ぐために、屋外に向かってこの勾配で据え付ける必要がある。

【語群】

①	ヒートショック現象	②	1.5m
③	約 10 年	④	上り勾配
⑤	全体換気	⑥	下り勾配
⑦	約 5 年	⑧	局所換気
⑨	シックハウス症候群	⑩	0.6m

正解　（ア）　⑤　　（イ）　⑨　　（ウ）　⑩　　（エ）　③　　（オ）　⑥

解説▼

（ア）　問題文は、全体換気 の説明である。局所換気は、臭気・湿気・煙・燃焼ガスなどの汚染物質が発生する場所（トイレ・洗面所・浴室・キッチンなど）を、局所的にかつ集中的に換気する方式である。

（イ）　2003 年の建築基準法改正により、シックハウス症候群 を防ぐ対策として、24 時間換気設備の設置が義務づけられた。ヒートショックは、急激な温度変化により血圧が大きく変動することで起こる健康被害のことであり、冬場の入浴時に発生することが多い。

（ウ）　住宅用火災警報器を天井に取り付ける場合の、壁または梁（はり）と火災警報器の設置位置（本体の中心）との最小の離隔距離は 0.6m である。

（エ）　内蔵電池方式の住宅用火災報知器の場合、故障や電池切れがないか定期点検を行う必要がある。電池寿命は 約10年 であるが、使用環境により短くなる場合もある。

（オ）　浴室換気暖房乾燥機の排気ダクトは、雨水や結露水の逆流を防ぐために、屋外に向かって（1°以上の）下り勾配 で据え付ける。また、雨水や鳥の侵入を防ぐために、排気ダクトの外壁面に屋外フードを取り付ける。

（ア）～（オ）の説明文は、家庭用冷凍冷蔵庫（以下「冷蔵庫」という）および関連する事柄について述べたものである。
説明の内容が<u>正しいもの</u>は①を、<u>誤っているもの</u>は②を選択しなさい。

（ア）　加工食品には、表示されている保存方法に従って未開封状態で保存したときの「消費期限」または「賞味期限」が表示されている。「賞味期限」とは、その食品をおいしく食べられる期限を示すものであり、その期限が6か月以内のものは年月日で表示され、6か月を超えるものは年月または年月日で表示されている。

（イ）　食品を冷凍する際、食品中の水分が凍る最大氷結晶生成帯（－1℃～－5℃）をゆっくりと通過させ、食品内の水分を大きな氷の結晶に成長させることで、食品の細胞の破壊を抑え、その食品を解凍する際のうまみ成分の流出を少なくすることができる。

（ウ）　スマートフォンの専用アプリを使って、以下のサービスを提供する冷蔵庫がある。

　　・タンクの水が少なくなったとき、本体の「給水」表示が点灯するとともに、スマートフォンに通知してくれる。

　　・切替室を解凍モードに設定するのを忘れた場合や、急いで製氷したい場合に、宅外から設定できる。

（エ）　冷蔵庫を清掃する場合、内部の棚やポケットなどは取り外して水洗いし、油汚れがある場合はアルカリ性洗剤とぬるま湯で拭き、洗剤をよく拭き取るとよい。アルコールやベンジンなどを使用すると、プラスチック部品の変形や破損につながるので絶対に使用しない。

（オ）　自動製氷装置にミネラルウォーターや井戸水などミネラル分の多い水を使用すると、氷に白い濁りができることがある。白い濁りはカルシウムなどの結晶であり、害はない。ただし、これらの塩素消毒されていない水を使う場合は、雑菌やカビが繁殖しやすくなるため、こまめに手入れする必要がある。

正解　（ア）②　（イ）②　（ウ）①　（エ）②　（オ）①

解説▼

（ア）【×】「賞味期限」が3か月以内のものは年月日で表示され、3か月を超えるものは年月または年月日で表示されている。

（イ）【×】最大氷結晶生成帯（－1℃〜－5℃）を短時間で通過させることにより、氷の結晶の成長を抑えることができる。氷の結晶を大きく成長させないことで食品の細胞の破壊を抑えることができる。

（ウ）【○】スマートフォンの専用アプリを使ったサービスとして、以下の事例もある。

・冷蔵庫ドアの閉め忘れをプッシュ通知するとともに、その日のドアの開放時間や運転状況を確認できる。

・冷蔵庫の天面に設置したカメラで、ドアを開けた際に庫内の写真を撮影し、買い物中にスマートフォンでチェックできる。

・スマートフォンのGPS機能による位置情報を使って、買い物先に一定時間以上滞在していることを検知し、「まとめ買い」を予測してあらかじめ庫内を冷却する。

（エ）【×】冷蔵庫を清掃する場合、内部の棚やポケットなどは取り外して水洗いし、油汚れがある場合は中性洗剤とぬるま湯で拭き、洗剤をよく拭き取るとよい。化学ぞうきんやアルコール、ベンジン、アルカリ性洗剤などを使用すると、プラスチック部品の変形や破損につながるので絶対に使用しない。

（オ）【○】ミネラルウォーター、浄水器の水、一度沸騰させた水、井戸水などのように、塩素消毒されていない水を使う場合は、雑菌やカビが繁殖しやすくなるため、こまめに手入れする必要がある。また、給水タンクには水以外は絶対に入れない。ジュース、お茶、お湯などを入れると故障や変形の原因となる。

問題 6　①〜④の説明文は、ジャー炊飯器および関連する事柄について述べたものである。
説明の内容が<u>誤っているもの</u>を１つ選択しなさい。

①　炊飯には、水道水や浄水器を使った水が適している。pH9 以上のアルカリイオン水は、べちゃつきや黄変の原因になるので使用しないほうがよい。アルカリイオン水による炊飯時のご飯の黄変は、アルカリ性が強い状態において、米の表層に存在する脂質や繊維物質などが黄変するためと考えられている。

②　一般的に、ジャー炊飯器は水温を 40℃程度に上げることにより短時間（20 分間程度）で浸しを行う。浸し時に内釜の中を減圧することにより、米の吸水性を高め、浸し時間を短縮できる製品もある。

③　一般的に、ジャー炊飯器はご飯が炊き上がる（蒸らしが終了する）と報知音が鳴り、自動的に保温に切り替わる。保温に切り替わったらすぐにご飯をほぐし、余分な水分を逃がすことで、ご飯のべたつきを抑えることができる。

④　おいしく炊き上がったご飯も、放置しておくと冷めてまずくなる。これは一度ベータ化したでんぷんが、再びアルファでんぷんに戻る老化（アルファ化）といわれる現象が起きるためである。冷凍したご飯がおいしいのは、ベータ化したまま凍結するからである。

正解 ④

解説

① 【○】炊飯に使用する水の種類として、硬度の高い（100mg/L以上）ミネラルウォーターは、ぱさついたり硬くなったりする原因になるので使用しないほうがよい。また、湯を使用するとニオイなどの原因になるので、水温約30℃以下の水を使用するのがよい。

② 【○】真空ポンプを使って、浸し時に内釜の中を減圧（約0.5気圧）することにより、米の吸水性を高め、浸し時間を短縮できる製品もある。

③ 【○】米の中心まで含水させてご飯粒内の水分を均等にし、炊きむらをなくすとともに、余分な水分を飛ばす工程を「蒸らし」といい、これが終了すると報知音が鳴る。

④ 【×】おいしく炊き上がったご飯も、放置しておくと冷めてまずくなる。これは一度アルファ化したでんぷんが、再びベータでんぷんに戻る老化（ベータ化）といわれる現象が起きるためである。冷凍したご飯がおいしいのは、アルファ化したまま凍結するからである。問題文において、アルファとベータを入れ替えると正文になる。

問題
7

（ア）〜（オ）の説明文は、IH クッキングヒーターおよび関連する事柄について述べたものである。

説明の内容が<u>正しいもの</u>は①を、<u>誤っているもの</u>は②を選択しなさい。

なお、問題文中の IH クッキングヒーターは製品全体を示し、IH ヒーターは同製品の IH ヒーター部分を示すものとする。

（ア）　IH ヒーターの加熱コイル部には、サーミスターや赤外線センサーが取り付けられている。サーミスターは、赤外線センサーに比べて温度変化を素早く検知できるので、サーミスターが取り付けられた製品は、例えば、食材投入や鍋ふりによる鍋底温度の変化を素早く検知して再加熱するなど、きめ細かな制御が可能である。

（イ）　IH クッキングヒーターのなかには、調理終了後もトッププレートの天面表示部に高温注意ランプを点灯（点滅）させる製品がある。これらの製品は、電源を切った後もトッププレートが熱い間はランプが点灯（点滅）し、温度が下がると自動的に消灯する。

（ウ）　オールメタル対応 IH ヒーターで（銅やアルミニウムなどの）非磁性鍋を加熱するときは、加熱コイルに流す高周波電流の周波数を（鉄などの）磁性鍋のときよりも下げて鍋底の電気抵抗を小さくすることにより、発熱量を増大させて加熱している。

（エ）　グリル部に使用されるセラミックヒーターは、発熱線に金属パイプを被せた加熱エレメントであり、配置するスペースに応じて曲げ加工ができるという特長がある。セラミックヒーターは「水や油などの液体に入れて直接加熱する」、「空気などの気体を加熱する」、「加熱したいものに接触させて直接加熱する」などの用途で使用される。

（オ）　IH ヒーターは、材質や形状によって使用できる鍋と使用できない鍋があり、IH クッキングヒーターのメーカー各社は、一般財団法人製品安全協会の SG マーク付きの専用鍋の使用を推奨している。下図のマーク付きの鍋は、IH ヒーターやラジエントヒーターなどに対応した鍋である。

正解　（ア）②　　（イ）①　　（ウ）②　　（エ）②　　（オ）①

解説▼

（ア）【×】赤外線センサーは、サーミスターに比べて温度変化を素早く検知できるので、赤外線センサーが取り付けられた製品は、例えば、食材投入や鍋ふりによる鍋底温度の変化を素早く検知して再加熱するなど、きめ細かな制御が可能である。問題文では、赤外線センサーとサーミスターの関係が逆になっている。

（イ）【○】メーカーにより異なるが、天板サーミスターの温度が約50℃～60℃以上の間はランプが点灯（点滅）し、温度が下がって約50℃～60℃未満になると、自動的に消灯する。

（ウ）【×】オールメタル対応IHヒーターで（銅やアルミニウムなどの）非磁性鍋を加熱するときは、加熱コイルに流す高周波電流の周波数を（鉄などの）磁性鍋のときよりも上げて鍋底の電気抵抗を大きくすることにより、発熱量を増大させて加熱している。

（エ）【×】問題文において、セラミックヒーターをシーズヒーターに置き換えると正文になる。セラミックヒーターは、セラミック素材に発熱体を内蔵した構造であり、速暖性に優れている。家電製品では、洗濯乾燥機、温水洗浄便座、電気ファンヒーターなど多くの製品で用いられている。

（オ）【○】 🅂 CH-IH が表示されている鍋は、IH加熱方式以外の電気加熱方式（ラジエントヒーターなど）にも対応可能である。一方、 🅂 IH が表示されている鍋は、ラジエントヒーターには対応していない。

問題
8

①～④の説明文は、オーブンレンジ・電子レンジおよび関連する事柄について述べたものである。
説明の内容が<u>誤っている</u>ものを１つ選択しなさい。

① レンジ加熱では、庫内の場所によってマイクロ波の強度むらができるため、食品の加熱むらが発生する。この加熱むらを防止する仕組みとして、食品をターンテーブルで回転させながらマイクロ波を照射する「ターンテーブル式」、マイクロ波を回転アンテナなどで撹拌（かくはん）して食品に照射する「テーブルレス式」がある。

② 過熱水蒸気加熱は、過熱水蒸気が食品の表面で蒸発する際に生じる気化熱を用いた加熱方式である。例えば、15℃の水を 300℃の過熱水蒸気にした場合、15℃の空気を 300℃の熱風にした場合に比べて約３倍の熱量をもっているので、大きな気化熱を発生させて食品を急速に加熱できる。

③ レンジやオーブンの自動加熱では、各種センサーにより食品の状況をチェックし、マイコンで細かい加熱制御を行う。赤外線アレイセンサーを用いて、庫内底面全体の細かいマス目ごとの温度を瞬時かつ一度に測定し、温度の異なる２品を同時に温めることができる製品もある。

④ 電子レンジで食品を長時間加熱すると、発煙・発火することがある。これは以下のメカニズムによる。特に油分を含む食品は、加熱しすぎた際に爆発的に燃焼するおそれがある。
　・食品内の水分が蒸発し、炭化して可燃性ガスが発生する。
　・食品の炭化した部分に帯電してスパークを起こし、可燃性ガスに引火する。

正解　②

解説 ▼

① 【〇】テーブルレス式のなかには、庫内全体の温度分布を測定する赤外線センサーと、マイクロ波の照射位置をコントロールするアンテナにより、温度の違う2品（冷凍ごはんと冷蔵おかずなど）を見分けて同時に温める機能を有する製品もある。

② 【×】過熱水蒸気加熱は、<u>過熱水蒸気が食品の表面で凝縮する際に生じる凝縮熱を用いた加熱方式</u>である。例えば、15℃の水を300℃の過熱水蒸気にした場合、15℃の空気を300℃の熱風にした場合に比べて<u>約11倍</u>の熱量をもっているので、<u>大きな凝縮熱を発生</u>させて食品を急速に加熱できる。

③ 【〇】赤外線アレイセンサーは、<u>MEMS（Micro Electro Mechanical Systems）技術を用いたサーモパイル素子</u>であり、0.1秒ごとの赤外線画像の測定が可能である。

④ 【〇】水分が少ない食品（パンや芋など）は、水分を多く含む食品に比べて早く炭化する。特に<u>油分を含む食品</u>は、加熱しすぎた際に爆発的に<u>燃焼</u>するおそれがある。

**問題
9**
（ア）～（オ）の説明文は、洗濯機、洗濯乾燥機およびこれらの製品に関連する事柄について述べたものである。
組み合わせ①～④のうち、説明の内容が誤っているものの組み合わせを 1つ選択しなさい。

（ア）防水性のシートや衣類は、洗濯機で洗い・すすぎ・脱水をしてはいけない。異常振動で洗濯機、壁、床などが破損したり、衣類が損傷したり、洗濯物が飛び出してけがをしたりするおそれがある。

（イ）ヒートポンプ乾燥方式の洗濯乾燥機は、ヒートポンプユニットで作った乾いた温風を衣類に当てて乾燥させる。この方式は、ヒーター乾燥方式と違い、コンプレッサーを搭載しているので消費電力量は多くなるが、冷却水を使用していないので節水になる。また、ヒーター乾燥方式に比べ、温風の温度が低いため乾燥スピードは遅いが、衣類の縮みや傷みを軽減できるという特徴がある。

（ウ）給水栓の種類として、洗濯機用水栓、横水栓、万能ホーム水栓、ワンタッチ式水栓などがあるが、給水ホースを接続するときに給水部材が不要なのは「洗濯機用水栓」のみであり、それ以外の給水栓の場合は、給水部材が必要である。

（エ）衣類に付く汚れのうち、水溶性の汚れは落ちやすいが、水不溶性の油などは落ちにくい。洗濯機では、洗剤の化学的作用で汚れを繊維から引き離すとともに、摩擦や振動などの機械的作用を加えて汚れの落ち方を速めている。

（オ）洗濯槽クリーナーには塩素系と酸素系があり、それぞれの特徴により使い分ける必要がある。塩素系は、発泡した泡で汚れをはがし落とすものであり、殺菌力は酸素系より劣る。一方、酸素系は細菌類を殺菌する力に特化しており、汚れを落とす力は塩素系より劣る。

【組み合わせ】
① （ア）と（イ）
② （イ）と（オ）
③ （ウ）と（エ）
④ （エ）と（オ）

正解 ②

解説 ▼

（ア）【〇】防水性のシートや衣類とは、寝袋、オムツカバー、サウナスーツ、ウエットスーツ、雨ガッパ、スキーウエア、自転車や自動車のカバーなど通水性のないものである。

（イ）【×】ヒートポンプ乾燥方式は、ヒーター乾燥方式と違い、ヒーターを使用しないので消費電力量は少なく、冷却水を使用していないので節水にもなる。また、ヒーター乾燥方式に比べ、除湿能力が高いため乾燥スピードは速い。さらに、温風の温度が低いため、衣類の縮みや傷みを軽減できるという特徴がある。

（ウ）【〇】給水栓に給水ホースを接続するときに、給水栓の種類に応じた適切な接続をしないと、水漏れの原因になる。また、必ず試運転を行って水漏れしないことを確認する必要がある。

（エ）【〇】衣類に付く汚れは、水溶性の無機物質、有機物質の食品・果汁など、水不溶性無機物質の泥・鉄さびなど、水不溶性有機物質の食用油脂・機械油、身体から分泌される脂肪などに分類される。

（オ）【×】塩素系は、細菌類を殺菌する力に特化しており、汚れを落とす力は酸素系より劣る。一方、酸素系は発泡した泡で汚れをはがし落とすものであり、殺菌力は塩素系より劣る。問題文は、塩素系と酸素系の説明が逆になっている。

①〜④の説明文は、掃除機および関連する事柄について述べたものである。

説明の内容が<u>誤っているもの</u>を１つ選択しなさい。

① 掃除機の騒音対策として、以下の方法などが挙げられる。

- ホースや掃除機内部の風の流れをスムーズにし、風切り音を低減する。
- モーターから発生する振動音や電磁音を低減するために、防振装置を取り付ける。
- モーターとファンから発生した騒音を低減するために、周りを防音材で覆う。

② 一般的に、ロボットクリーナーにはリチウムイオン電池やニッケル水素電池などの二次電池が搭載されている。バッテリーの交換については、自分でできる機種と販売店やメーカーへの依頼が必要な機種がある。

③ 吸込仕事率は、「じんあい除去能力」として、JIS において、"指定されたクリーニングサイクル中に除去されるじんあいの量と、テスト範囲上に散布されたじんあいの量との比率をパーセントで表したもの"と規定されている。吸込仕事率は、主としてフローリングの清掃能力を表す指標である。

④ 掃除機の電源コード（コードリール式）には、JIS に基づき、コードの終端部に赤色と黄色の印が設けられている。黄色の印は「ここまでコードを引き出して使う」という意味であり、コードを黄印まで引き出さず巻き取られた状態で使うと、発火事故につながる危険性がある。

正解　③

解説 ▼

① 【○】掃除機から出る排気をきれいにするため<u>各種フィルターを搭載すると、風路の抵抗が増し吸引力が低下</u>する。吸引力を上げるために<u>モーターの出力を強くすると騒音が増加</u>する。掃除機の騒音対策のためには、この相反する課題を解決する必要がある。

② 【○】ロボットクリーナーは、二次電池を内蔵しており、<u>清掃完了後や電池残量が少なくなった場合、自動的に充電台へ自走して戻れる</u>製品が多い。<u>充電完了後は、掃除途中の場所に戻り、未清掃のスペースの掃除を自動的に再開する</u>機能を有するものもある。

③ 【×】ダストピックアップ率は、「じんあい除去能力」として、JISにおいて、"指定されたクリーニングサイクル中に除去されるじんあいの量と、テスト範囲上に散布されたじんあいの量との比率をパーセントで表したもの" と規定されている。<u>ダストピックアップ率は、主としてカーペットの清掃能力を表す指標</u>である。

④ 【○】掃除機の電源コード（コードリール式）については、JIS C 9108において「コードリール式のものは、<u>コードの終端部に容易に取れない方法で黄色及び赤色の印を設け</u>、かつ、コードを全て引き出したとき、赤印は器体の外に完全に出ていなければならない」と規定されている。

問題 11
次の説明文は、照明器具および関連する事柄について述べたものである。 （ア） ～ （オ） に当てはまる<u>最も適切な語句</u>を解答欄の語群①～⑩ から選択しなさい。

- LED とは、発光ダイオードと呼ばれる半導体のことである。正孔を持つＰ型半導 体をプラス極に、電子を持つN型半導体をマイナス極にして電圧をかけると、LED チップの中を正孔と電子が移動し、途中でぶつかると再結合する。再結合状態では、 正孔と電子がもともと持っていたエネルギーより （ア） なる。

- （イ） は、光源がすべての方向に対して放出する光の量を表す値であり、この 値が大きいほど明るい光源といえる。 （イ） は、蛍光ランプや LED 電球などの 光源や照明器具の明るさを表す量として、カタログなどに記載されている。

- ねじ込み形の電球に記載されている口金記号「E17」や「E26」のEは、白熱電 球の実用化に成功したエジソンの頭文字にちなんだ記号である。その後ろの数字 は、JIS 規格に従って口金の （ウ） をミリメートル単位で表したものである。

- 電球形 LED ランプを選ぶ際には、照明器具との適合性を確認する必要がある。ダ ウンライトの枠や反射板に一般社団法人日本照明工業会のＳマークが付いている場 合は、 （エ） 器具対応の電球形 LED ランプを選ぶ必要がある。

- 一般照明用電球形 LED ランプに関する JIS において、「平均演色評価数 Ra が 80 以上であること」、「6000 時間経過時点での光束維持率が （オ） 以上であるこ と」 などの基準を満たした LED ランプを高機能タイプとして規定している。

【語群】

①	断熱材施工	②	50%
③	ねじの直径	④	大きく
⑤	全光束（単位：ルーメン）	⑥	密閉形
⑦	ねじ山の高さ	⑧	90%
⑨	光度（単位：カンデラ）	⑩	小さく

正解　（ア）⑩　　（イ）⑤　　（ウ）③　　（エ）①　　（オ）⑧

解説 ▼

- 再結合状態では、正孔と電子がもともと持っていたエネルギーより 小さく なる。そのときに生じたエネルギーの差が光と熱のエネルギーに変換される。

- 全光束（単位：ルーメン） は、光源がすべての方向に対して放出する光の量を表す値であり、この値が大きいほど明るい光源といえる。 全光束 は、蛍光ランプや LED 電球などの光源や照明器具の明るさを表す量として、カタログなどに記載されている。光度（単位：カンデラ）は、光源の光の強さを表す値である。

- ねじ込み形の電球に記載されている口金記号「E17」や「E26」のEは、白熱電球の実用化に成功したエジソンの頭文字にちなんだ記号である。その後ろの数字は、JIS に従って口金の ねじの直径 をミリメートル単位で表したものである。

- ダウンライトの枠や反射板に一般社団法人日本照明工業会のSマークが付いている場合は、 断熱材施工 器具対応の電球形 LED ランプを選ぶ必要がある。

- 一般照明用電球形 LED ランプに関する JIS において、「平均演色評価数 Ra が 80 以上であること」、「6000 時間経過時点での光束維持率が 90% 以上であること」などの基準を満たした LED ランプを高機能タイプとして規定している。

117

問題
12

①～④の説明文は、住宅用太陽光発電システム（以下「太陽光発電システム」という）および関連する事柄について述べたものである。
説明の内容が<u>誤っている</u>ものを１つ選択しなさい。

① 太陽光パネルの設置方法として、屋根置き型と屋根一体型がある。屋根置き型は、架台取付工事の際、屋根に穴をあけて隙間を充てん剤で埋めるが、充てん剤が劣化すると雨漏りが発生しやすいというデメリットがある。

② 再生可能エネルギーの固定価格買取制度では、太陽光、風力、水力、地熱、バイオマスによって発電した電力を、法令で定められた価格・期間で電力会社が買い取ることを義務づけている。買取費用はすべて電力会社が負担する。

③ 太陽電池で発電した電力はDC（直流）であり、パワーコンディショナではDC（直流）からAC（交流）に変換するため変換ロスがあった。ハイブリッドパワーコンディショナは、太陽電池で発電したDC（直流）電力を、直接、蓄電池に充電できるためロスが少ない。

④ モジュール変換効率とは、太陽電池に注がれた光エネルギーのうち何パーセントを電気エネルギーに変換できるかを表す値であり、JISにより次式で求められる。

$$モジュール変換効率（\%）＝\frac{出力電気エネルギー}{入射する太陽光エネルギー}\times 100$$

正解　②

解説 ▼

① 【〇】屋根一体型は、防水性が劣化するなど屋根としての不具合が出たときは、パネルも同時に交換・修理する必要があり、費用もかかるというデメリットがある。

② 【×】再生可能エネルギーの固定価格買取制度では、<u>買取費用は、電気を使用する消費者が使用料に応じて「再生可能エネルギー発電促進賦課金」という形で電気料金の一部として負担する。</u>

③ 【〇】ハイブリッドパワーコンディショナは、太陽電池用と蓄電池用で2台必要であったパワーコンディショナが1台で済み、省スペース化を図れる。

④ 【〇】モジュール変換効率は、JIS C 8918「結晶系太陽電池モジュール」により次式で求められる。例えば、モジュール面積1m² で変換効率15% の太陽電池からは、150W の電力が取り出せる。

$$モジュール変換効率（\%）= \frac{出力電気エネルギー}{入射する太陽光エネルギー} \times 100$$

$$= \frac{モジュール公称最大出力（W）}{モジュール面積（m^2）\times 1,000\,W/m^2} \times 100$$

問題＆解説
問題集 2

問題
13

（ア）～（オ）の説明文は、エコキュートおよび関連する事柄について述べたものである。
説明の内容が<u>正しいもの</u>は①を、<u>誤っているもの</u>は②を選択しなさい。

（ア）　エコキュートは、代替フロンのひとつである HFC（ハイドロフルオロカーボン）冷媒を使用している。HFC 冷媒は、HC（炭化水素）、NH3（アンモニア）に比べて可燃性や毒性がなく、空気中に排出されたとしても無害である。

（イ）　AI が翌日の天気予報や過去の太陽光発電量実績を基に発電量を予測したうえで、太陽光発電連携モードへの自動切り替えを行う製品がある。なお、天気予報が外れて太陽光発電での発電量が少ないと、昼間電力で沸き上げる場合があり、その分の電気代が余計にかかることがある。

（ウ）　機種選定の際には、以下のとおり居住地域に合った仕様の機種を選ぶとよい。
- 居住地域の最高気温を目安にして、一般地仕様か寒冷地仕様かのどちらかを選ぶ。
- 臨海地域の場合には、降水量、最大風速などを目安にして、耐塩害仕様か標準品かのどちらかを選ぶ。

（エ）　一般的に、エコキュートは、停電時でも貯湯タンクに湯が残っており、かつ断水していなければ、シャワーや蛇口から湯を出すことができる。ただし、追いだきや沸き上げはできない。

（オ）　電気温水機器は、使用する地域や世帯人数により、省エネ性能の評価点および目安電気料金が異なるので、統一省エネラベルの右下に表示されている QR コードのリンク先で確認するとよい。

正解　（ア）②　（イ）①　（ウ）②　（エ）①　（オ）①

解説▼

（ア）【×】エコキュートは、<u>自然冷媒のひとつであるCO2（二酸化炭素）を使用</u>している。CO2冷媒は、HC（炭化水素）、NH3（アンモニア）に比べて可燃性や毒性がなく、空気中に排出されたとしても無害である。

（イ）【○】通常、エコキュートは割安な電力量料金が適用される夜間時間帯に湯を沸かし始めて翌朝に沸き上げるが、<u>太陽光発電連携モードでは、沸き上げ時間の一部を日中にシフトし、太陽光発電の電力で湯をつくる。</u>

（ウ）【×】機種選定の際には、以下のとおり居住地域に合った仕様の機種を選ぶとよい。

・居住地域の<u>最低気温を目安</u>にして、一般地仕様か寒冷地仕様かのどちらかを選ぶ。

・臨海地域の場合には、<u>海までの距離、潮風の影響の有無などを目安にして、耐重塩害仕様・耐塩害仕様・標準品のうちいずれかを選ぶ。</u>

（エ）【○】一般的に、エコキュートは、停電時でも貯湯タンクに湯が残っており、かつ断水していなければ、（水道の圧力でタンク内の湯を押し出して）シャワーや蛇口から湯を出すことができる。ただし、<u>停電時は温度調整弁や循環ポンプなどが動かないため、追いだきや沸き上げはできない。</u>

（オ）【○】2021年6月、"CO2を冷媒とする家庭用ヒートポンプ給湯機"を対象として、2025年度を目標年度とする新しい基準エネルギー消費効率等が定められた。電気温水機器の統一省エネラベルは、この新しい省エネ基準値に基づいて表示されている。

問題
14

（ア）～（オ）の説明文は、温水洗浄便座および関連する事柄について述べたものである。
組み合わせ①～④のうち、説明の内容が<u>誤っているものの組み合わせ</u>を1つ選択しなさい。

（ア）　一般社団法人日本レストルーム工業会は、温水洗浄便座の利用について、「適度に局部の表面を洗うことにより局部を清潔に快適に保てる」ことや、「おしり・ビデとも洗浄時間は（所定の水圧下で）10秒～20秒を目安に使用する」ことなどを勧めている。

（イ）　温水洗浄便座用の省エネラベルに記載される年間消費電力量は、節電機能を使用した場合の値と、節電機能を使用しない場合の値の平均値である。

（ウ）　温水洗浄便座は、「おしり洗浄用の温水」と「ビデ洗浄用の温水」が出るノズルを備えている。ノズルを清潔に保つために、ステンレス製にして継ぎ目をなくし、汚れの付着や黒カビの発生を抑えたり、水道水に含まれる塩化物イオンを電気分解して作られる除菌成分（次亜塩素酸）でノズルを洗浄・除菌したりする製品などがある。

（エ）　アルカリ性の洗濯用合成洗剤を原液で補充し、洗剤・水・空気を混ぜて泡を発生させ、その泡をノズルから噴射して便器内で旋回させる機能を持つ製品が販売されている。この機能により、便器に汚れが付きにくく、付いた汚れも落ちやすくなる。

（オ）　貯湯式は、シーズヒーターにより、貯湯タンクの水を設定温度になるように温めておく方式である。貯湯式は、一定量の湯を常に保温するための電力が必要なため、セラミックヒーターで瞬時に湯を沸かす瞬間式に比べて、一般的に消費電力量は多い。

【組み合わせ】
　①　（ア）と（イ）
　②　（イ）と（エ）
　③　（ウ）と（ア）
　④　（エ）と（オ）

正解　②

解説▼

（ア）【○】一般社団法人日本レストルーム工業会では、温水洗浄便座の利用について、「<u>長時間の洗浄や洗いすぎに注意する。また、局部内は洗わない。</u>常在菌を洗い流してしまい、体内の菌バランスが崩れる可能性があるため」などの注意喚起を行っている。

（イ）【×】温水洗浄便座用の省エネラベルには、<u>節電機能を使用した場合の年間消費電力量の値とともに、括弧書きで節電機能を使用しない場合の値も併記されている。</u>

（ウ）【○】ノズルを清潔に保つために、<u>約60℃の温水を連続して約1分間流す</u>ことにより、ノズルの除菌を行う製品もある。

（エ）【×】<u>台所用合成洗剤（中性）</u>を原液で補充し、洗剤・水・空気を混ぜて泡を発生させ、その泡をノズルから噴射して便器内で旋回させる機能を持つ製品が販売されている。問題文において、「<u>アルカリ性の洗濯用合成洗剤</u>」が誤りである。

（オ）【○】瞬間式は、使用するときにセラミックヒーターを用いた高効率の熱交換器に水を流して湯を一気に温める方式である。<u>湯を沸かすときの消費電力は大きいが、保温するための電力は不要なため、貯湯式に比べて消費電力量は少ない。</u>

問題&解説
問題集 2

（ア）～（オ）の説明文は、電源・電池および関連する事柄について述べた
ものである。
説明の内容が正しいものは①を、誤っているものは②を選択しなさい。

（ア）　ボタン電池を廃棄する際は、プラス極とマイナス極をセロハンテープで絶縁する
など、電池のショート防止を施したうえで、ボタン電池回収缶に入れる必要があ
る。回収されたボタン電池は、最終的に水銀、鉄、亜鉛化合物などとしてすべて
リサイクルされるため、廃棄処分や埋立処分は発生しない。

（イ）　コンセントとプラグを長期間差し込んだままにするとホコリがたまり、そこへ湿
気が加わると、プラグの刃と刃の間で連続して放電が起こり、絶縁部の炭化が
徐々に進行して発火に至る。これをトラッキング現象というが、漏電遮断器や配
線用遮断器（ブレーカー）を設置することで発火を防止できる。

（ウ）　電池の容量は、放電電流（mA）と放電時間（h）の積で表す。例えば、電池に
1000mAh と記載があれば、100mA の放電で 10 時間もつことになる。なお、
電流が大きくなるほど、使用時間は計算値より長くなる。すなわち、1000mAh
の電池の消費電流を 100mA から 200mA にすると 5 時間以上もつようになる。

（エ）　家庭内の電気は、分電盤からいくつかの回路に分かれて必要な場所のコンセント
へ供給される。この分岐回路の安全を守るのが配線用遮断器であり、1回路に1
つずつ付いている。一般的に1つの回路に流すことのできる電流は 20A（アン
ペア）である。回路をいくつかに分けておくことで、何らかの異常が発生しても、
その影響を限定的に抑えることができる。

（オ）　電圧がかかっている電気機器や電線に触れたり、漏電している電気機器に触れた
りすることで、電気が身体を通って地面へと流れ、衝撃を受けることを"感電"
という。感電による人体への影響の大きさは、「電流の大きさ」、「流れた時間」、
「流れた経路（人体の部位）」などによって異なる。

正解 （ア）①　　（イ）②　　（ウ）②　　（エ）①　　（オ）①

解説▼

（ア）【○】回収されたボタン電池は、収集運搬業者を通じてリサイクラーに送られ、適正に処理・リサイクルされる。なお、<u>ボタン電池回収缶の投入口に入らない電池は対象外</u>である。

（イ）【×】<u>トラッキング現象が起きても漏電遮断器や配線用遮断器（ブレーカー）は作動せず、火が出てはじめて気付く</u>ことになる。この現象を防ぐため、エアコンや冷蔵庫などの長期間接続したままの<u>プラグとコンセントを定期的に清掃・点検する必要がある。</u>

（ウ）【×】<u>「電流が大きくなるほど、使用時間は計算値より長くなる」は誤り</u>である。例えば、1000mAh の電池の消費電流を 100mA から 200mA にすると、使用時間は 5 時間以内と短くなり、50mA にすれば 20 時間以上もつようになる。

（エ）【○】<u>配線用遮断器の回路をいくつかに分けておくことで、何らかの異常が発生しても、その影響を限定的に抑えることができる。</u>

（オ）【○】感電防止のためには<u>「電気機器にアースや漏電遮断器を設置する」</u>、<u>「ぬれた手で電気機器を触らない」</u>、「壊れている電気機器は使用しない」、「コンセントカバーを使う」などの対策が必要である。

CSと関連法規
問題&解説

問題
1

（ア）～（オ）の説明文は、CS の基本について述べたものである。
組み合わせ①～④のうち、説明の内容が<u>誤っているもの</u>の組み合わせを 1
つ選択しなさい。

（ア）　バランスト・スコアカード（BSC）は、「財務の視点」、「顧客の視点」、「業務プ
ロセスの視点」、「学習と成長の視点」の４つの視点で企業業績を評価し、短期的
な業績達成と事業のプロセスなど長期的な視点のバランスをとることで、持続可
能な事業経営を目指すものである。

（イ）　ますます高齢化が進む社会にあって、パソコンやスマートフォンなどに接する機
会が少なかった世代に、現行の最先端商品を理解して使いこなしていただくため
には、高度な商品知識と専門用語を駆使した説明が必要である。

（ウ）　CS 活動は、目先の売上げを上げるためだけのものではない。「顧客の視点」に
合わせて、仕事のしかたや組織機能などを変化させていくことで、事業の継続と
持続的成長を図るということが重要な目的の１つである。

（エ）　お客様が商品の購入を検討される際、価格だけではなく、商品の機能、配送・設
置の迅速性、アフターサービスの条件など、トータルな観点で評価し購入を決定
される。そのニーズ（欲求）は人によって異なるため、それぞれのお客様に合っ
た提案をすることが CS にかなった行動である。

（オ）　現在普及している CS 活動は、売上げなどの経営目標の達成を目指す、という経
営ツールとしての性質を有しており、単なるかけ声ではなく、具体的な「指標」
と「予算化された数値基準」を備えている。

【組み合わせ】
　①　（ア）と（イ）
　②　（イ）と（オ）
　③　（ウ）と（ア）
　④　（エ）と（オ）

正解 ②

解説 ▼

- (ア)【〇】売上げや利益（財務の視点）を上げるために、最初に明確にしなければならないことは、「顧客の視点」である。「お客様がどんな状態になれば自社の商品を購入していただけるか」を明確にすることである。

- (イ)【×】「高度な商品知識と専門用語を駆使した説明」ではなく、「より高度なお客様目線と商品知識および説明スキル」が必要である。また、年代を問わず極力専門用語を避け、お客様の理解度に合わせて説明することが販売担当者の基本姿勢である。

- (ウ)【〇】CS活動は、目先の売上げを上げるためだけのものではない。「顧客の視点」に合わせて、仕事の仕方や組織機能などを変化させていくことで、事業の継続と持続的成長を図るということ、つまり、「お客様との関係を継続・進化させていく（リピーター化する）」ことが何よりも重要な目的の1つである。

- (エ)【〇】お客様は商品の価格だけでなく、最終的には、商品の機能、配送・設置の迅速性、アフターサービスの条件など、トータルな観点（コストパフォーマンス）で商品やサービスの購入を決定される。特に、高額で機器のセットアップなどが必要な商品ほどその傾向が強くなるので、注意が必要である。

- (オ)【×】「予算化された数値基準」が誤りである。正しくは、単なるかけ声ではなく、具体的な「指標」と「標準化された行動基準」を備えているである。

問題
2

（ア）～（オ）の説明文は、デジタル時代の CS について述べたものである。
説明の内容が<u>正しいもの</u>は①を、<u>誤っているもの</u>は②を選択しなさい。

（ア）　オムニチャネルとは、複数の販売チャネルごとに異なる販売条件を定め、それぞ
れのお客様にとって最適なサービスを提供するものである。これにより、実店舗
や通販サイトなどの顧客接点ごとにきめ細かいサービスが実現でき、より便利で
利用しやすいサービスを提供できる。

（イ）　インターネット上のオンラインストアなどで商品の詳しい情報を事前に調べ、商
品をオンラインでは購入せず、実店舗で買い求めるという購入形態は、ショー
ルーミングと呼ばれている。

（ウ）　サブスクリプションサービスは、消費者にさまざまなメリットがあることによ
り、認知度が高まり定着してきた一方で、契約内容の誤認識や解約方法が分から
ず解約手続きができないなどの消費者と事業者間のトラブルが発生している。こ
のようなトラブルを防ぐ目的も含めた改正特定商取引法が 2022 年 6 月に施行
された。

（エ）　経済産業省の令和 4 年度（2022 年度）「電子商取引に関する市場調査」によれ
ば、物販系分野のうち「生活家電、AV 機器、PC・周辺機器等の分類」の
2022 年の BtoC-EC（消費者向け電子商取引）の市場規模は約 2.6 兆円である。
EC 化率（すべての商取引金額に対する電子商取引市場規模の割合）は約 42%
となり、物販系分野平均よりも高い。

（オ）　OMO（オー・エム・オー）とは「企業目線」、「顧客体験重視」のマーケティン
グ概念であり、消費者がオンラインとオフラインの境界を意識することのない
「最安な購買チャネル」の提供を目指している。

正解 （ア）②　　（イ）②　　（ウ）①　　（エ）①　　（オ）②

解説▼

（ア）【×】複数の販売チャネルごとに異なる販売条件を定めることが誤りである。<u>オムニチャネルとは、複数の販路のどの販売チャネルを利用したとしても、顧客1人ひとりに対して一貫性のあるサービスを提供するものである。</u>これにより、実店舗、通販サイト、ダイレクトメール、SNSなどあらゆる顧客接点をシームレスに連携させ、いつでもどこでも同じように利用できる環境を構築することで、お客様にとってより便利で利用しやすいサービスを実現できる。

（イ）【×】問題文において「ショールーミング」を「ウェブルーミング」に置き換えると正文になる。ショールーミングとは商品をより安く購入する方法や経路がインターネットで手軽に検索可能になったことで、実店舗は商品を実際に見て確かめるだけの場と化していることである。

（ウ）【〇】サブスクリプションサービスの消費者トラブルが社会問題化し、このようなトラブルを防ぐ目的も含めた<u>改正特定商取引法が</u>2022年6月に施行された。このような法整備を通じて、<u>消費者と事業者間のトラブルを減少させ、市場が健全に発展していくことが期待されている。</u>

（エ）【〇】経済産業省の令和4年度（2022年度）「電子商取引に関する市場調査」によれば、物販系分野のうち<u>「生活家電、AV機器、PC・周辺機器等の分類」</u>の2022年のBtoC-EC（消費者向け電子商取引）の市場規模は約2.6兆円である。<u>EC化率（すべての商取引金額に対する電子商取引市場規模の割合）は約42%</u>となり、物販系分野平均9.1%よりもはるかに高い水準となっている。なお、物販系分野のうち「書籍・映像・音楽ソフト」のEC化率が一番高く、約52%である。

（オ）【×】問題文において「企業目線」を「顧客目線」に置き換え、「最安な購買チャネル」を「シームレスな購買体験」に置き換えると正文になる。<u>OMO（オー・エム・オー）とは「顧客目線」、「顧客体験重視」のマーケティング概念であり、消費者がオンラインとオフラインの境界を意識することのない「シームレスな購買体験」の提供を目指すものである。</u>

問題
3
①〜④の説明文は、高齢社会における CS について述べたものである。
説明の内容が<u>正しいもの</u>を1つ選択しなさい。

① ICT（Information and Communication Technology）の利活用が広まるにつ
れ、多くの世代で ICT に対する考え方や利用状況に変化が見られる。ただし、高
齢者は ICT の利用経験が乏しいことから、販売促進活動や広報活動での利用は避
けて、対面を中心とした活動を主体とするべきである。

② 高齢者は加齢により生活が変化し、求めるサービスも変化するため、これらの変化
に合わせた「次のサービス」を効果的に提供していくことが重要である。一方で、
高齢者向けサービスに対して抵抗を感じる方もいるため、注意が必要である。

③ バリアフリーとは、高齢者や障がい者だけでなく、文化・言語・国籍の違い、性
別・能力の差異などにかかわらず、すべての人が使いやすいように施設・製品・情
報などを設計することである。

④ 65歳以上の高齢者人口の総人口に占める割合を高齢化率といい、一般的に高齢化
率が 15% を超えると「高齢化社会」、25% 超で「高齢社会」、35% 超で「超高齢
社会」と呼ばれている。日本では、2022年の高齢化率が 29.0% となっており、
現在は高齢社会である。

正解 ②

解説 ▼

① 【×】ICT の利活用が広まるにつれ、高齢者の ICT に対する考え方や利用状況に変化が見られる。今後は、<u>ICT の利用経験が豊富な高齢者が増加することに伴い、高齢者向けビジネスにおいても、ICT を利用した販売促進活動や広報活動は重要な事項になると考えられる。</u>

② 【○】高齢者は加齢により生活が変化し、求めるサービスも変化するため、これらの変化に合わせた「次のサービス」を効果的に提供していくことが重要であり、現在から将来にわたり切れ目なく提供できることが求められる。<u>また、介護を必要とせず、趣味にまい進したり新しいことに意欲的に取り組んだりと、旺盛な意欲をもつアクティブシニア層に対する取り組みも重要な課題となっている。</u>

③ 【×】問題文において「バリアフリー」を「ユニバーサルデザイン」に置き換えると正文になる。<u>バリアフリーとは、高齢者や障がい者などが支障なく自立した日常生活・社会生活を送れるように、物理的、社会的、制度的、心理的な障壁や情報面での障壁を除去するという考え方</u>であり、また、それらが実現した生活環境のことをいう。

④ 【×】一般的に高齢化率が 7% を超えると「高齢化社会」、14% 超で「高齢社会」、21% 超で「超高齢社会」と呼ばれている。<u>日本は、2022 年 10 月 1 日時点で高齢化率が 29.0% で、現在は超高齢社会である。</u>

問題 4

（ア）〜（オ）の説明文は、言葉づかいなどについて述べたものである。
説明の内容が<u>正しいもの</u>は①を、<u>誤っているもの</u>は②を選択しなさい。

（ア）　敬語の間違いが多いとビジネスパーソンとしての信用を失いかねない。ビジネスシーンにおける不適切な用法の例として、「どちらにいたしますか」、「お休みをいただいております」などがある。

（イ）　丁寧語とは、そのまま伝えてしまうと、きつい印象や不快感を与えるおそれがあることをやわらかく伝えるために前置きとして添える言葉で、お客様にお願いごとをしたり、お客様からの依頼をお断りしたりする場合などに使う。「失礼ですが」は断るときの丁寧語である。

（ウ）　お客様に尊敬語を使うべき場合に謙譲語Ⅰを使ってしまったり、逆に身内のことを語るのに謙譲語Ⅰではなく尊敬語を使ってしまったりといった混同に注意しなければならない。お客様に尊敬語ではなく謙譲語Ⅰを使った不適切な用法は「そちらでお聞きください」である。

（エ）　二重敬語とは、ひとつの言葉に同じ種類の敬語を二重に使用する不適切な用法である。「お越しになられました」や「お召し上がりになられました」という表現は、この二重敬語の例である。

（オ）　尊敬語は、相手の行動などを高めることで、その人に敬意を表す言葉である。「訪ねる」の尊敬語は「伺う」が一般的である。

正解　（ア）①　（イ）②　（ウ）②　（エ）①　（オ）②

解説 ▼

（ア）【○】適切な用法は、「どちらになさいますか」、「休みをとっております」
である。

（イ）【×】問題文において「丁寧語」を「クッション言葉」に置き換えると正
文になる。「丁寧語」とは、「です」、「ます」をつけて丁寧な言葉づかいによっ
て、相手への敬意を表すものである。

（ウ）【×】「そちらでお聞きください」は、お客様に尊敬語を使った適切な用法
である。謙譲語Ⅰを混同した不適切な用法は、「そちらで伺ってください」
などである。

（エ）【○】適切な用法は、「お越しになりました」、「召し上がりました」である。

（オ）【×】問題文の「伺う」は「訪ねる」の謙譲語Ⅰである。尊敬語は「お訪
ねになる」などが一般的である。

（ア）～（オ）の説明文は、礼儀・マナーの基本などについて述べたものである。
組み合わせ①～④のうち、説明の内容が誤っているものの組み合わせを1つ選択しなさい。

（ア）　応酬話法の1つであるイエス・バット法は、お客様の意見や断り文句をうまく活用し、違う意味や考え方を伝えることで、商談に結びつけていく話法である。お客様が「しつこい」とか「くどい」と感じてしまうこともあるので、お客様の反応に注意しなければならない。

（イ）　メラビアンの法則によると、「感情や態度について矛盾したメッセージが発せられたときの人の受け止め方は、話の内容などの言語情報が55%、口調や話す速さなどの聴覚情報が38%、見た目などの視覚情報が7%の割合である」とされている。

（ウ）　サービス業界で接客時に用いられがちな特徴的な言葉づかいに、「よろしかったでしょうか」、「1,000円になります」などがある。これらの言葉づかいに違和感を覚えたり不快に感じたりする人もいることから、一般的な話し方を心がける必要がある。

（エ）　接客話法のポイントは、お客様からの質問に丁寧に対応して不安や疑問を解消し、お客様の立場になってアドバイスをすることで、気持ちよく購入の意思をもっていただき、満足を与えることである。また、肯定形で話すことなどがその基本的な用法である。

（オ）　応酬話法の1つである質問話法は、商談が行き詰まったときやお客様が沈黙したときなどにお客様に質問を返し、そのやり取りの中で商談の糸口を見いだす話法である。「この商品は大変便利だと思いますが、いかがでしょうか」はその話法例である。

【組み合わせ】
①　（ア）と（オ）
②　（イ）と（ア）
③　（ウ）と（オ）
④　（エ）と（イ）

正解　②

解説 ▼

- （ア）【×】問題文において「イエス・バット法」を「ブーメラン法」に置き換えると正文になる。イエス・バット法は、お客様の意見や主張をまずは受け止め、次にその意見や主張に反論する意見を述べる話法である。一度お客様の意見を受け止めることで、「自分の気持ちを分かってもらえた」という安心感をお客様に与え、その行為によって、お客様の意見や主張に反論する自分の意見を後押ししてくれる。例えば「確かにそうですね。しかし・・・」である。

- （イ）【×】メラビアンの法則によると、「感情や態度について矛盾したメッセージが発せられたときの人の受け止め方は、話の内容などの言語情報が7%、口調や話す速さなどの聴覚情報が38%、見た目などの視覚情報が55%の割合である」とされている。コミュニケーションにおいて言葉以外の役割の重要性を示している。

- （ウ）【○】「よろしかったでしょうか」、「1,000円になります」の一般的な話し方は、「よろしいでしょうか」、「1,000円でございます」である。

- （エ）【○】お客様は、同じ商品を買うなら気持ちよく買いたいと思っているはずである。そのためにはまず接客において、お客様の持っている不安や疑問を解き、お客様の立場になってアドバイスをすることで、気持ちよく購入の意思を持っていただくことができる。

- （オ）【○】応酬話法の1つである質問話法は、商談が行き詰まったときや、お客様が黙ってしまったときに会話を続けるためにも有効な話法である。「この商品は大変便利だと思いますが、いかがでしょうか」はその話法例であるが、お客様が話せば話すほどお客様の考え方やニーズがはっきりしてくるので、そのやり取りの中に商談の糸口を見いだすことができる。

問題
6

（ア）〜（オ）の説明文は、販売と不具合発生時における CS について述べたものである。
組み合わせ①〜④のうち、説明の内容が<u>正しいものの組み合わせ</u>を 1 つ選択しなさい。

（ア）　修理品が、経年劣化による製品事故の発生が懸念されるような古い商品であっても、お客様にとっては愛着のある物であったりするので、買い替えを勧めることは慎まなければならない。

（イ）　お客様との関係を維持・強化するためには、お客様 1 人ひとりの嗜好やニーズ、購買履歴などを把握・分析し、お客様全体の平均像を的確に捉え、すべてのお客様に共通の施策を実施するワン・トゥ・ワンマーケティングの手法が効果的である。

（ウ）　顧客の苦情（クレーム）処理の大切さを米国のグッドマンが法則で示した。その第一法則では、不満をもった顧客のうち、苦情を申し立ててその解決に満足した顧客の当該商品の再購入決定率は、不満をもちながら苦情を申し立てない顧客のそれに比較して極めて高いと説明している。

（エ）　お客様に商品説明などをする際の能力要素である「誠意」×「接客マナー・言葉づかい」、そして「知識」×「コミュニケーション力」はいずれもかけ算の関係になっている。各能力要素について、苦手なことをつくらず、得意を伸ばすことがお客様対応力を向上させるポイントといえる。

（オ）　商品販売時に十分な取扱説明をしていても、実際にお客様が商品を使い始めてからその性能や取扱方法などに疑問を持たれる場合がある。このため販売店は、自店ではなく、メーカーサポート窓口の利用をお勧めすることが CS 向上のために重要なポイントといえる。

【組み合わせ】
　①　（ア）と（イ）
　②　（イ）と（ウ）
　③　（ウ）と（エ）
　④　（エ）と（オ）

正解 ③

解説 ▼

（ア）【×】修理品がたとえ古い商品であっても、むやみに買い替えを勧めることは慎まなければならない。ただし、<u>経年劣化による製品事故の発生が懸念される場合（古い扇風機の発火事故などが代表例）は、事故事例などを説明し安全面から買い替えを案内するとよい</u>。

（イ）【×】<u>ワン・トゥ・ワンマーケティングは、お客様全体の平均像を的確に捉え、すべてのお客様に共通の施策を実施するものではない。対象を「個」と捉え、1人ひとりのお客様の嗜好やニーズ、購買履歴などに合わせて、個別に展開する活動である</u>。

（ウ）【○】表立ったクレームがないからと安心してお客様の声（不満）を聞く努力を怠ると、お客様が離れていってしまい、取り返しのつかないことになりかねない。<u>不満を抱いたお客様に遠慮なく、不満点を指摘してもらえる環境づくりも組織として大切なことである</u>。

（エ）【○】例えば、どんなに知識があってもお客様に伝えるスキルがなければ、もっている知識はお客様に対して全く役に立たない。<u>「誠意」、「接客マナー・言葉づかい」、「知識」、「コミュニケーション力」のいずれも及第点のレベルを確保し、自分自身の得意（特徴）なことを伸ばすことが大切である</u>。

（オ）【×】販売店としても、<u>商品を使い始めてからの問い合わせやご意見については、疑問点や不満点をよく確認し的確に対応することが必要である</u>。こうした対応は、お客様とのよりよいコミュニケーションのチャンスであり、CS向上のために重要なポイントである。

次の説明文は、リサイクルの取り組みとその関連法規について述べたものである。
　(ア)　～　(オ)　に当てはまる<u>最も適切な語句</u>を解答欄の語群①～⑩から選択しなさい。

- 電池の廃棄について、マンガン乾電池、アルカリ乾電池、リチウム一次電池は、　(ア)　として廃棄してよいことになっているが、各自治体によってごみの捨て方が異なるため、居住する市町村の指示に従って捨てる必要がある。

- 家電リサイクル法では、消費者から排出された特定家庭用機器廃棄物が、小売業者から製造業者等に適切に引き渡されることを確保するため、特定家庭用機器廃棄物管理票（家電リサイクル券）が定められている。また、対象機器の廃棄物が製造業者等に引き取られているか　(イ)　のホームページで確認することができる。

- 家庭系パソコンは、メーカーによる回収とリサイクルが義務づけられている。回収・再資源化は、消費者が直接パソコンメーカーに申し込み、共通回収ルートである　(ウ)　が窓口となって回収する仕組みが基本となっている。

- 資源有効利用促進法は、「事業者による製品の回収・再利用の実施などリサイクル対策の強化」、「製品の　(エ)　・長寿命化等による廃棄物の発生抑制」、および「回収した製品からの部品などの再使用」の対策を行うことで、循環型経済システムを構築することを目指して制定されたものである。

- 　(オ)　の特定家庭用機器廃棄物について、倒産や事業撤退などにより製造業者等が存在しない、もしくはリサイクルの義務者が不明な場合には、指定法人がその廃棄物の再商品化等を行う。

【語群】

① 小型家電リサイクル法	② 宅配業者
③ 経済産業省	④ 家電リサイクル法
⑤ 不燃ごみ	⑥ 郵便局
⑦ 省エネ化	⑧ 資源ごみ
⑨ 省資源化	⑩ 家電製品協会

正解 （ア）⑤　（イ）⑩　（ウ）⑥　（エ）⑨　（オ）④

解説▼

- 電池の廃棄について、マンガン乾電池、アルカリ乾電池、リチウム一次電池は、 不燃ごみ として廃棄してよいことになっている。

  アルカリボタン電池、酸化銀電池、空気亜鉛電池などのボタン電池には、銀などの貴重さ資源が含まれているため、「ボタン電池回収缶」や「ボタン電池回収箱」で回収を行っている。

- 家電リサイクル法では、消費者から排出された特定家庭用機器廃棄物が、小売業者から製造業者等に適切に引き渡されることを確保するため、特定家庭用機器廃棄物管理票（家電リサイクル券）が定められている。また、対象機器の廃棄物が製造業者等に引き取られているか 家電製品協会 のホームページで確認することができる。

  また、小売業者及び製造業者等は、家電リサイクル券またはその写しを３年間保存することが定められている。

- 家庭系パソコンは、製造業者および輸入事業者による自主回収とリサイクルが義務づけられている。回収・再資源化は、消費者が直接パソコンメーカーに申し込み、共通回収ルートである 郵便局 が窓口となって回収する仕組みが基本となっている。

  小型二次電池も、資源有効利用促進法の指定再資源化製品に指定され、製造事業者およびそれらの輸入販売事業者に自主回収と再資源化（リサイクル）が義務づけられている。

- 資源有効利用促進法は、「事業者による製品の回収・再利用の実施などリサイクル対策の強化」、「製品の 省資源化 ・長寿命化等による廃棄物の発生抑制」、および「回収した製品からの部品などの再使用」の対策を行うことで、循環型経済システムを構築することを目指して制定されたものである。

  我が国が持続的に発展していくためには、環境制約・資源制約が大きな課題となっており、大量生産、大量消費、大量廃棄型の経済システムから、循環型経済システムに移行する必要がある。

- 家電リサイクル法 の特定家庭用機器廃棄物について、倒産や事業撤退などにより製造業者等が存在しない、もしくはリサイクルの義務者が不明な場合には、指定法人がその廃棄物の再商品化等を行う。

  家電リサイクル法を円滑かつ効率的に実施するために、主務大臣（経済産業大臣および環境大臣）は指定法人を指定できることが定められている。現在、一般財団法人家電製品協会が対象機器４品目すべての指定法人として指定されている。

（ア）～（オ）の説明文は、地球環境の保全および省エネルギーに関連した事項について述べたものである。
説明の内容が<u>正しいもの</u>は①を、<u>誤っているもの</u>は②を選択しなさい。

（ア） 多段階評価制度とは、当該製品の省エネ性能が、市場に供給されている機器のなかでどこに位置づけられているかを、省エネルギーラベリング制度の省エネ基準達成率で表示する制度である。

（イ） 2021年10月から東京・大阪の外気温度を前提に4人世帯を想定した温水機器の統一省エネラベルが施行された。エネルギー種別（電気、ガス、石油）を問わず、温水機器全体の省エネ性能を同じ基準で評価できる多段階評価点が表示されている。

（ウ） カーボンニュートラルとは、温室効果ガスの排出を全体としてゼロとすること、すなわち、排出量から吸収量と除去量を差し引いた合計をゼロとする概念である。その実現に向けたエネルギー政策の道筋が第6次エネルギー基本計画に示されている。

（エ） 省エネ法におけるエネルギー使用者への間接規制は、機械器具等（自動車、船舶や建材等）のエネルギー消費効率の目標を示しており、その目標を達成することを機械器具等の販売または輸出事業者に求めている。

（オ） エネルギー供給強靱化法の施行により、2022年4月から太陽光発電のFIP制度（FIP：Feed-in Premium）がスタートした。FIT制度（FIT：Feed-in Tariff）は価格が一定で、収入はいつ発電しても同じであるが、FIP制度は補助額（プレミアム）が一定で、収入は市場価格に連動する。

正解 （ア）② （イ）① （ウ）① （エ）② （オ）①

解説▼

（ア）【×】多段階評価制度とは、当該製品の省エネ性能が、市場に供給されている機器の中でどこに位置づけられているかの表示を省エネ基準達成率ではなく、省エネ性能の高い順に「5.0 から 1.0 までの 0.1 きざみの評価（41段階）」の多段階評価点で表示する制度である。

（イ）【○】温水機器は使用する条件によってエネルギー料金が大きく変わるため、地域および世帯人数に応じた年間目安エネルギー料金を算出するためのWeb ページを作成し、ラベル上に当該 Web ページの QR コードを掲載することで、小売り事業者等や消費者が容易に情報を取得し、比較できるようにした。

（ウ）【○】第6次エネルギー基本計画では、2050 年カーボンニュートラルや2030 年度の野心的な温室効果ガス削減（2013 年度比 46%削減）の実現に向けたエネルギー政策の道筋を示すことなどの政策がまとめられた。

（エ）【×】省エネ法におけるエネルギー使用者への間接規制は、機械器具等のエネルギー消費効率の目標を示しているが、その目標の達成を求められているのは機械器具等の販売または輸出事業者ではなく、機械器具等の製造または輸入事業者である。また、機械器具等とは自動車、家電製品や建材等であり、船舶は対象ではない。

（オ）【○】FIP 制度とは、再エネ発電事業者が卸市場などで売電したとき、その売電価格に対して一定のプレミアム（補助額）を上乗せする制度である。そのプレミアム（補助額）は一定のため、収入は市場価格に連動する。再エネ発電事業者はプレミアムをもらうことによって再エネへ投資するインセンティブが確保される。FIT 制度と違い市場価格と連動するため、再エネ発電事業者が需要が大きく市場価格が高くなるような季節や時間帯に電気供給する工夫をすることが期待される。

問題 9

（ア）〜（オ）の説明文は、消費者とのコミュニケーションに際し留意すべき法規について述べたものである。
説明の内容が<u>正しいもの</u>は①を、<u>誤っているもの</u>は②を選択しなさい。

（ア）　特定商取引法には、「送り付け商法」への対策がある。例えば、売買契約の申し込みも締結もなく、事業者が金銭を得る目的で一方的に送付してきた身に覚えのない商品には、代金を支払う必要がないことなどが明示されている。ただし、受け取った商品は送り返す必要がある。

（イ）　特定商取引法の取引類型の1つである訪問販売とは、消費者の住居へセールスマンが訪問するなど、営業所以外の場所で契約して行う商品の販売や役務提供のことである。なお、アポイントメントセールスは電話・SNSなどで勧誘し、営業所などに呼び出して行う取引であることから訪問販売には含まれない。

（ウ）　消費者契約法は、消費者と事業者との間の情報の質および量ならびに交渉力などの格差を考慮し、消費者を不当な勧誘や契約条項から守るために、消費者契約に関する包括的な民事ルールとして制定された。なお、この法律は労働契約には適用されない。

（エ）　民法における「債務不履行責任」では、約束（契約）したにもかかわらず、これが履行されない場合には、損害賠償を請求できるとされている。また現在、人の生命または身体が侵害された場合には、その請求権の権利行使期間が短縮される特例が設けられている。

（オ）　特定商取引法では、消費者が契約を申し込み、または契約をした後であっても、法律で定められた書面を受け取ってから一定期間内であれば、消費者は事業者に対し契約を解除することができるとされている。これをクーリング・オフという。ただし通信販売には、クーリング・オフは適用されない。

正解　（ア）②　　（イ）②　　（ウ）①　　（エ）②　　（オ）①

解説▼

（ア）【×】売買契約に基づかず一方的に送り付けられた<u>商品は直ちに処分する</u><u>ことができ、送り返す必要はない</u>。さらには、処分したことを理由に代金の支払を請求され、誤って金銭を支払ってしまった場合、事業者に対して、その誤って支払った金銭の返還を請求することが可能である。

（イ）【×】電話・SNSなどで勧誘し、<u>営業所などに呼び出して行う取引（ア</u><u>ポイントメントセールス）も訪問販売に含まれる</u>。

（ウ）【○】<u>消費者契約法では、事業者の不当な勧誘、例えば消費者を誤認させ</u><u>たり困惑させたりするような勧誘などによって契約をしたときは、消費者は</u><u>その契約の取消しが可能であることなどが示されている</u>。同法は2019年に改正され、取り消しうる不当な勧誘行為の追加や無効となる不当な契約条項の追加など、一段と強化された。

（エ）【×】<u>人の生命または身体が侵害された場合には、権利行使期間が短縮さ</u><u>れたのではなく、長期化する特例が設けられた</u>。人の生命・身体という利益は、財産的な利益などと比べて保護すべき度合いが強く、その侵害による損害賠償請求権については、権利を行使する機会を確保する必要性が高い。

（オ）【○】<u>クーリング・オフの「一定期間」とは、訪問販売、電話勧誘販売、</u><u>訪問購入などにおいては8日間、連鎖販売取引、業務提供誘引販売取引にお</u><u>いては20日間とされている</u>。通信販売は新聞、雑誌、テレビ、インターネット、ファクシミリなどで広告し、郵便、電話、FAX、インターネットなどの通信手段により申し込みを受ける取り引きのことで、一般的にインターネット・オークションなども含まれる。

（ア）〜（オ）の説明文は、消費者とのコミュニケーションに際し留意すべき法規について述べたものである。

説明の内容が<u>正しいもの</u>は①を、<u>誤っているもの</u>は②を選択しなさい。

（ア）　割賦販売法では、クレジットカードを取り扱う加盟店は、カード番号などの非保持化を義務づけられている。決済専用端末から直接外部の情報処理センターなどにカード情報を伝送している場合は、保持状態にあるとみなされるので、注意が必要である。

（イ）　家庭用品品質表示法では、家電製品は電気機械器具として、エアコンディショナー、電気洗濯機など 17 品目について、それぞれの品目ごとに品質に関する表示、使用上の注意の表示、表示した者の氏名または名称の表示などが規定されている。

（ウ）　2021 年 9 月に施行されたデジタル社会形成基本法は、デジタル社会の形成に向けた基本理念や、施策の策定に係る基本方針等を定めたものである。デジタル社会の形成に関し、国や地方公共団体の責務を規定するとともに、デジタル庁の設置ならびに重点計画の作成などについて規定している。

（エ）　2022 年 4 月に施行された改正個人情報保護法では、個人情報に関する権利保護が強化された。改正前は 6 か月以内に消去されるデータは保有個人データに含まれなかったが、消去される前に漏えいが発生すれば回復困難な損害が生じる可能性があるため、6 か月以内に消去されるものも保有個人データに含まれることになった。

（オ）　産業標準化法で規定されている JAS マーク表示制度は、国、もしくは地方自治体に登録された機関（登録認証機関）から認証を受けた事業者（認証製造業者等）が、認証を受けた製品またはその包装などに JAS マークを表示する制度である。その事業者は、JAS マークを表示する義務がある。

正解　（ア）②　（イ）①　（ウ）①　（エ）①　（オ）②

解説▼

（ア）【×】割賦販売法では、クレジットカードを取り扱う加盟店は、カード番号などの非保持化を義務づけられている。決済専用端末から直接外部の情報処理センターなどにカード情報を伝送している場合は、カード番号などの非保持状態にあるとみなされる。

（イ）【○】消費者の通常生活に使用されている繊維製品、合成樹脂加工品、電気機械器具及び雑貨工業品のうち、消費者がその購入に際し品質を識別することが困難で、特に品質を識別する必要性の高いものが、「品質表示の必要な家庭用品」として指定されている。

（ウ）【○】デジタル社会形成基本法は、デジタル社会の形成が我が国の国際競争力の強化および国民の利便性の向上に資するとともに、少子高齢化への対応などの課題を解決するために、デジタル社会の形成に関する施策を推進することによって、経済の発展と国民の幸福な生活の実現に寄与することを趣旨として制定された。

（エ）【○】個人情報に対する意識の高まり、技術革新を踏まえた保護と利用のバランス、個人情報が大量に利活用される時代における事業者責任のあり方および越境移転データの流通増大に伴う新たなリスクへの対応などの観点から、個人情報保護法の2022年改正では、本人の権利保護の強化、事業者の責務の追加、データの利活用の促進、法令違反の罰則の強化などが盛り込まれた。

（オ）【×】問題文において、「JASマーク」は誤りで「JISマーク」が正しい。またJISマークの表示は認証を受けた事業者の権利であり、義務は誤りである。さらに「国、もしくは地方自治体に登録された機関」も誤りで、正しくは「国に登録された機関」である。JISマークは、表示された製品が該当するJISに適合していることを示しており、取り引きの単純化のほか、製品の互換性、安全・安心の確保などに寄与している。

（ア）〜（オ）の説明文は、知的財産の保護について述べたものである。
説明の内容が<u>正しいもの</u>は①を、<u>誤っているもの</u>は②を選択しなさい。

（ア）　商標は、特許庁への出願、審査を通過すると登録商標となり、出願した者には商標権が与えられ、商標権者となる。権利の存続期間は 10 年間であるが、更新登録申請により更新でき、最長 100 年まで権利を持ち続けることができる。

（イ）　営業秘密として管理されている電子データを勝手に持ち出して自ら使用したり、第三者に提供したりすると、不正競争防止法により罰則が科せられる。なお、紙（印刷物）の状態である場合は同法ではなく、刑法の窃盗罪が適用される。

（ウ）　著作権などの著作権法上の権利には一定の存続期間が定められており、この期間を「保護期間」という。かつては保護期間が著作者の死後 50 年までであったが、現在は原則として著作者の死後 70 年までとなっている。

（エ）　著作権法における著作権侵害の一例として、違法なインターネット配信から販売、または有料配信されている音楽や映像を、自らその事実を知りながら、著作権者に無断でダウンロードする、というものがある。このような行為は、私的使用の場合を除き、刑罰の対象となる。

（オ）　放送番組のインターネット同時配信等について、放送と同様の円滑な権利処理を実現させるべく、著作権法の一部を改正する法律が 2022 年 1 月に施行された。改正のポイントは、著作権制度に起因する「フタかぶせ」（権利処理未了のために生じる映像の差替えなど）を解消することである。

正解　（ア）②　　（イ）②　　（ウ）①　　（エ）②　　（オ）①

解説▼

（ア）【×】商標権の存続期間は 10 年間で、更新登録申請により更新できるが、最長 100 年まで権利を持ち続けることができるというのは誤りである。正しくは、更新登録申請により更新でき、継続的に権利を持ち続けることができる。

（イ）【×】営業秘密として管理されている電子データを勝手に持ち出して自ら使用したり、第三者に提供したりすると、不正競争防止法により罰則が科せられる。また、紙（印刷物）の状態である場合も不正競争防止法が適用される。

（ウ）【○】著作権法における保護期間は、著作権者等に権利を認め保護することが大切である一方、一定期間が経過した著作物等については、その権利を消滅させることにより、社会全体の共有財産として自由に利用できるようにすべきであると考えられたために設定された。

（エ）【×】著作権法における著作権侵害の一例として、違法なインターネット配信から販売、または有料配信されている音楽や映像を、自らその事実を知りながら、著作権者に無断でダウンロードする、というものがある。このような行為は、私的に使用する目的であっても刑罰の対象となる。

（オ）【○】放送番組のインターネット同時配信等には、権利上の観点などから、動画や静止画の一部を他の画像に差し替えるなどの「フタかぶせ」問題がある。この問題に対して、権利処理の円滑化を可能とする措置を講じた改正著作権法が施行された。

問題 **12**　（ア）〜（オ）の説明文は、「独占禁止法」および「景品表示法」などに関連した事項について述べたものである。
説明の内容が<u>正しいもの</u>は①を、<u>誤っているもの</u>は②を選択しなさい。

（ア）　メーカーなどが小売業者の取扱商品、販売地域、販売先、販売方法などを制限する非価格制限行為は、競争に与える影響のいかんによっては、景品表示法上問題となるおそれがある。例えば、取り引き相手の事業活動を不当に拘束するような条件をつけて取り引きを行うことは、景品表示法の排他条件付取引として禁止されている。

（イ）　昨今、デジタルプラットフォームと呼ばれる内外の巨大 IT 企業が市場に対して大きな影響力をもっている。こうした企業の取り引きの透明性や公正性の向上を図るために、デジタルプラットフォーム取引透明化法が 2021 年 2 月に施行された。

（ウ）　「家庭用電気製品の流通における不当廉売、差別対価等への対応について」では、小売業者が商品を販売する際に、消費者に対して販売価格の減額に充当できるポイントの提供について、例外はあるが、このような行為は一般的に値引きと同等の機能を有すると認められ、対価の実質的な値引きと判断されている。

（エ）　大規模小売業者が商品を販売した後に、計画していた利益率や利益額が足りないなどの理由で、納入業者に対し追加リベートなどの利益補てんを要求することは、「優越的地位の濫用」とみなされる。

（オ）　景品表示法では、実際のものよりも取り引きの相手方に著しく優良または有利であると誤認される表示を禁止している。例えば、「新型ブルーレイディスクレコーダーを特別価格 5 万円で提供」と表示しているが、実際は通常価格と変わらない場合などは優良誤認表示に該当する。

正解 （ア）②　（イ）①　（ウ）①　（エ）①　（オ）②

解説▼

（ア）【×】問題文において「景品表示法」を「独占禁止法」に置き換え、「排他条件付取引」を「拘束条件付取引」に置き換えると正文になる。排他条件付取引とは、自社が供給する商品のみを取り扱い、不当に競合関係にある商品を取り扱わないことを条件として取り引きを行うようなことを指す。

（イ）【○】デジタルプラットフォーム取引透明化法では、デジタルプラットフォームのうち、特に取り引きの透明性・公正性を高める必要性の高いプラットフォームを提供する事業者を「特定プラットフォーム提供者」として指定し、規制の対象としている。

（ウ）【○】「家庭用電気製品の流通における不当廉売、差別対価等への対応について」は、大手の家電量販店間の激しい低価格競争により地域家電小売店の事業活動に与える影響が深刻化している状況を踏まえ、不当廉売や差別対価等の規制についての考え方を具体的に示している。

（エ）【○】取り引き上の優位な地位にある事業者が、取り引き先に対して不当に不利益を与える行為は、優越的地位の濫用として禁止されている。例えば、発注元の一方的な都合による、押しつけ販売、返品、従業員の派遣要請、協賛金の負担要請の行為、納入業者に対し追加リベートなどの利益補てんを要求することなどが、優越的地位の濫用に該当する。このほか、大規模小売業者による優越的地位の濫用行為を抑制・規制するため、大規模小売業者による特定の行為が不公正なものとして定められている。

（オ）【×】問題文において「優良誤認表示」を「有利誤認表示」に置き換えると正文になる。景品表示法では、実際のものよりも、取り引きの相手方に著しく有利であると誤認される表示を有利誤認表示として禁止している。例えば、「新型ブルーレイディスクレコーダーを特別価格5万円で提供」と表示しているが、実際は通常価格と変わらない場合などは有利誤認表示に該当する。

問題
13

①～④の説明文は、製品安全に関する法規などについて述べたものである。
説明の内容が<u>誤っている</u>ものを１つ選択しなさい。

① ツーリストモデルには電気用品安全法の例外承認制度が適用される。外国規格に適合しているが電安法技術基準に適合しない製品を国内で製造又は輸入し、外国からの旅行者や日本人海外旅行者等に限定して国内で販売する場合、当該製品は例外承認の対象となる。

② ポータブルリチウムイオン蓄電池（いわゆるモバイルバッテリー）は、リチウムイオン蓄電池が機器の一部として内部に装着された状態の製品であるため、電気用品安全法の規制対象外となっている。ただし、消費生活用製品安全法の規制対象であることから、PSCマークの表示が義務づけられている。

③ 電気用品安全法では、PSEマーク等の表示義務のある電気用品において、電気用品の販売事業者は、このマーク等が付されていない製品を販売または販売の目的で陳列をしてはならないとされている。また、電気工事をする者は、このマーク等が付されているものでなければ、電気工事に使用してはならないとされている。

④ 長期使用製品安全表示制度では、経年劣化による重大事故発生率は高くないものの、事故件数が多い扇風機、エアコン、換気扇など５品目について、製造または輸入事業者は、「設計上の標準使用期間」や「経年劣化に関する注意喚起」などを機器本体の見やすい箇所に表示することを義務づけられている。

正解 ②

解説▼

① 【○】日本人海外旅行者や外国人観光客のみやげ物として販売するツーリストモデルは、海外で使用することを前提としているため、電気用品安全法で定められた技術基準に適合していなくても製造、輸入、販売をすることができる。ただし、<u>技術基準に適合していない電気用品を製造、輸入するには、事業の届出を行った上で、経済産業大臣の承認を受けなければならない。</u>

② 【×】リチウムイオン蓄電池が組み込まれたポータブルリチウムイオン蓄電池（いわゆるモバイルバッテリー）は、<u>電子機器類の外付け電源として用いられるリチウムイオン蓄電池そのものであると見なされ、電気用品安全法の規制対象である。</u>このため、PSEマークの表示が義務づけられている。

③ 【○】<u>電気用品安全法</u>は、電気用品の製造、輸入、販売などを規制するとともに、電気用品の安全性確保につき民間事業者の自主的な活動を促進することにより、<u>電気用品による危険および障害の発生を防止することを目的としている。</u>

④ 【○】<u>長期使用製品安全表示制度</u>では、<u>経年劣化による重大事故発生率は高くないもの、事故件数が多い扇風機、エアコン、換気扇、洗濯機（乾燥機能付きは除く）、ブラウン管式テレビの5品目</u>について、製造または輸入事業者は、「製造年」、「設計上の標準使用期間」、「経年劣化に関する注意喚起」などを機器本体の見やすい位置に表示することを義務づけられている。

①～④の説明文は、製品安全に関する法規などについて述べたものである。

説明の内容が<u>誤っているもの</u>を１つ選択しなさい。

① 電波法における技適マークは、製品の本体、銘板やディスプレイ上などに表示することができる。ただし、技適マークを取得したモジュールが製品に組み込まれている場合、その製品にモジュールの技適マークを表示することはできない。

② 製造物責任法（PL法）における製造物責任とは、製品が通常有すべき安全性を欠き、製品の欠陥から生じた生命・身体または財産への拡大損害があり、両者に因果関係がある場合、その製品の製造業者などが問われる責任である。

③ 電気工事士法は、電気工事に従事する者の資格や義務、電気工事の欠陥による災害の発生の防止に寄与することを目的としている。電気工事士は国家資格で第一種電気工事士と第二種電気工事士とがあり、資格要件を満たしたうえで申請によって住民票のある都道府県知事により免状が交付される。

④ 航空法では、私有地で無人航空機を飛行させる場合でも、その空域が飛行禁止空域に指定されている場合には、国土交通大臣の許可を受ける必要があるとされている。

正解 ①

解説 ▼

① 【×】製品の技適マークは、本体、銘板やディスプレイ上に表示することができる。さらに、<u>技適マークを取得したモジュールが製品に組み込まれている場合でも、その製品にモジュールの技適マークを表示することが認められている</u>。

② 【○】製造物責任法（PL法）における製造物責任とは、製品が通常有すべき安全性を欠き、製品の欠陥から生じた生命・身体または財産への拡大損害があり、両者に因果関係がある場合、その製品の製造業者などが問われる責任である。<u>製品の欠陥でも製品自体の損害に留まり拡大損害に該当しない場合は、PL法は適用されず</u>、民法あるいは商法上の契約不適合責任や、債務不履行による損害賠償の扱いとなる。

③ 【○】電気工事士法の定めにより、原則として<u>電気工事士の免状を受けている者でない限り、一般用電気工作物および500kW未満の自家用電気工作物の工事に従事することはできない</u>。

④ 【○】<u>航空法の対象となる無人航空機は、飛行機、回転翼航空機、滑空機、飛行船であって構造上人が乗ることができないもののうち、遠隔操作または自動操縦により飛行させることができるものであり、総重量100g未満のものは、模型飛行機に分類される</u>。

問題
15

解答欄の（ア）～（オ）の説明文は、家電製品に関する表示および図記号について述べたものである。
説明の内容に該当する<u>最も適切なもの</u>を下記の表示および図記号群①～⑩から選択しなさい。

（ア）　ドア、挿入口などで手や腕が挟まれることによって起こる傷害の可能性を示す注意図記号である。

（イ）　外部の火気によって製品が発火する可能性を示す火気禁止の図記号である。

（ウ）　電気用品安全法の規制を受ける製品のうち、特定電気用品以外の電気用品に表示するマークであり、この表示がない対象製品は販売できない。

（エ）　取扱いを誤った場合、使用者が死亡または重傷を負うことがあり、かつその切迫度合いが高い危害の程度を示す。

（オ）　製品に起因する事故などが発生したときに、製品の事故情報や製品に関する重要な情報（社告など）を消費者に、いち早く、分かりやすく知らせるために使用するマークである。

【表示および図記号群】

正解　（ア）⑧　　（イ）①　　（ウ）⑦　　（エ）⑨　　（オ）⑩

解説 ▼

① 外部の火気によって製品が発火する可能性を示す<u>火気禁止の図記号</u>である。

② 製品の特定場所に触れることによって傷害が起こる可能性を示す<u>禁止図記号</u>である。

③ 家電製品の安全な取扱いを理解してもらうための表示マークで、<u>取扱いを誤った場合、使用者が死亡または重傷を負うことが想定される危害の程度を示す</u>。

④ 特定の条件において発火する可能性があることを示す<u>発火注意の図記号</u>である。

⑤ 製品の使用者に対し安全点検の啓発を行う図記号で、<u>「愛情点検」などの表示とともに使用するマーク</u>である。

⑥ <u>電気用品安全法に基づき特定電気用品に表示するマーク</u>である。特定電気用品は、登録検査機関の技術基準適合性検査を受け、適合証明書の交付を受けなければならないとされている。

⑦ 電気用品安全法の規制を受ける製品のうち、<u>特定電気用品以外の電気用品に表示するマーク</u>であり、この表示がない対象製品は販売できない。

⑧ <u>ドア、挿入口などで手や腕が挟まれることによって起こる傷害の可能性を示す注意図記号</u>である。

⑨ 取扱いを誤った場合、<u>使用者が死亡または重傷を負うことがあり、かつその切迫度合いが高い危害の程度を示す</u>。

⑩ 製品に起因する事故などが発生したときに、<u>製品の事故情報や製品に関する重要な情報（社告など）を消費者に、いち早く、分かりやすく知らせるために使用するマーク</u>である。

問題 1　（ア）～（オ）の説明文は、CS の基本について述べたものである。
組み合わせ①～④のうち、説明の内容が<u>誤っているもの</u>の組み合わせを 1
つ選択しなさい。

（ア）　PDCA サイクルとは、継続的に改善していく手法のひとつである。計画（Plan）
を作成し、実行（Do）し、実施結果を評価（Check）し、改善（Act）を行う。
これを繰り返すことによって業務を継続的に改善させる。

（イ）　バランスト・スコアカード（BSC）は、「財務の視点」、「業務プロセスの視点」、
「企業の視点」の 3 つの視点で企業業績を評価し、長期的な視点を中心に持続可
能な事業経営を目指すものである。

（ウ）　CS 活動において、知識を生かすコミュニケーション力を高めるためには、お客
様のニーズを聞き取る「傾聴力」、聞き取った話を整理して提案にまとめる「企
画力」、その提案を分かりやすく説明する「プレゼンテーション力」などが重要
である。

（エ）　お客様の要求にできる限り対応することは、CS 向上に重要な姿勢である。ただ
し、サービスにはコストがかかっているため、お客様の予算などを聞き出し、予
算内に収まったサービスだけを提案することが CS にかなった行動である。

（オ）　サービス・プロフィット・チェーンとは、従業員満足がサービス水準を高め、そ
れが顧客満足を高めることにつながり、最終的に企業利益を高めるとされてお
り、その高めた利益により従業員満足をさらに向上させることで、よりよい循環
の構図が出来上がるという因果関係を示したフレームワークをいう。

【組み合わせ】
　①　（ア）と（オ）
　②　（イ）と（エ）
　③　（ウ）と（イ）
　④　（エ）と（オ）

解説 ▼

（ア）【○】PDCA サイクルとは、継続的に改善していく手法のひとつである。計画（Plan）を作成し、実行（Do）し、実施結果を評価（Check）し、改善（Act）を行う。これを繰り返すことによって業務を継続的に改善させる。PDCA はサイクルゆえ終わりがなく、最後の Act が終了して改善した時点を、また新たなベースラインとして、よりよい解決策を探し続けることが肝要である。

（イ）【×】「企業の視点」と「3つの視点」が誤りである。バランスト・スコアカード（BSC）は、「財務の視点」、「顧客の視点」、「業務プロセスの視点」および「学習と成長の視点」という4つの視点で企業業績を評価し、短期的な業績達成と事業のプロセスなど長期的な視点のバランスをとることで、持続可能な事業経営を目指すものである。

（ウ）【○】CS 活動において、知識を生かすコミュニケーション力を高めるためには、お客様のニーズを聞き取る「傾聴力」、聞き取った話を整理して提案にまとめる「企画力」、その提案を分かりやすく説明する「プレゼンテーション力」などが重要である。これらのスキルを高めるためには、基本的動作を模擬的に訓練し、実際のお客様への応対で磨きをかけていくという訓練を意図的かつ計画的に実践する努力が必要である。

（エ）【×】お客様の予算などを聞き出し、予算内に収まったサービスだけを提案するとの記述が誤りである。お客様の要求にできる限り対応することはCS 向上に重要な姿勢であるが、サービスにはコストがかかっている。しかし、お客様は商品の価格だけでなく、最終的には、商品の機能、配送・設置の迅速性、アフターサービスの条件など、トータルな観点で商品やサービスの購入を決定される。そのニーズ（欲求）は人によって異なるため、それぞれのお客様に合った提案をすることがCS にかなった行動である。

（オ）【○】従業員満足（ES）がサービス水準を高め、それが顧客満足（CS）を高めることにつながり、最終的に企業利益を高めるとされており、その高めた利益により従業員満足（ES）をさらに向上させることで、よりよい循環の構図が出来上がるという因果関係を示したフレームワークをサービス・プロフィット・チェーンという。

問題&解説
問題集 2

問題 2　（ア）〜（オ）の説明文は、デジタル時代の CS について述べたものである。説明の内容が<u>正しいもの</u>は①を、<u>誤っているもの</u>は②を選択しなさい。

（ア）　ウェブルーミングは、商品をより安く購入する方法や経路がインターネットで手軽に検索可能になったことにより、実店舗は商品を実際に見て確かめるだけの場と化していることから、このようにネーミングされた。

（イ）　サブスクリプションサービスは、定額の利用料金を消費者から定期的に徴収し、サービスを提供するビジネスモデルである。インターネット上では食品の定期宅配便や有料動画配信、有料音楽配信などから始まったが、近年はファッション、化粧品、家具、車などバリエーションが増える傾向にある。

（ウ）　オムニチャネルとは、複数の販売チャネルごとに異なる販売条件を定め、それぞれのお客様にとって最適なサービスを提供するものである。これにより、実店舗や通販サイトなどの顧客接点ごとにきめ細かいサービスが実現でき、より便利で利用しやすいサービスを提供できる。

（エ）　経済産業省の令和4年度（2022年度）「電子商取引に関する市場調査」によれば、物販系分野のうち「生活家電、AV機器、PC・周辺機器等の分類」の2021年の BtoC-EC（消費者向け電子商取引）の市場規模は約2.6兆円である。EC 化率（すべての商取引金額に対する電子商取引市場規模の割合）は約42%となり、物販系分野平均よりも高い。

（オ）　キャッシュレス決済により得られたデータは、キャッシュレス取り引きに直接関与していない企業などでも利用されており、データを用いた新たなビジネス機会の創出をもたらすなど、経済全体の活性化にもつながることが期待されている。

正解 （ア）② （イ）① （ウ）② （エ）① （オ）①

解説 ▼

(ア)【×】問題文において「ウェブルーミング」を「ショールーミング」に置き換えると正文になる。ウェブルーミングとは、インターネット上のオンラインストアなどで商品の詳しい情報を事前に調べ、オンラインでは購入せず、商品は実店舗で買い求める、という購入形態をいう。

(イ)【〇】サブスクリプションサービスは、消費者から見ると初期費用も抑えられるため利用を開始しやすく、モノを所有する必要がなく置き場所や管理が不要で、定額料金であることなど、さまざまなメリットが挙げられる。その反面、契約内容の誤認識や解約方法が分からず解約手続きができないなどの消費者と事業者間のトラブルが発生している。このようなトラブルを防ぐ目的も含めた改正特定商取引法が2022年6月に施行された。

(ウ)【×】複数の販売チャネルごとに異なる販売条件を定めることが誤りである。オムニチャネルとは、複数の販路のどの販売チャネルを利用したとしても、顧客1人ひとりに対して一貫性のあるサービスを提供するものである。これにより、実店舗、通販サイト、ダイレクトメール、SNSなどあらゆる顧客接点をシームレスに連携させ、いつでもどこでも同じように利用できる環境を構築することで、お客様にとってより便利で利用しやすいサービスを実現できる。

(エ)【〇】経済産業省の調査では、電子商取引市場動向や利用者実態を1998年から毎年調査しており、2022年の公表値でも過去最高規模を記録。2022年の国内BtoC-EC市場規模の増加に大きく寄与したのがサービス系分野である。サービス系分野のBtoC-EC市場規模は、約6.1兆円（前年約4.6兆円）と前年比約32.4%の大幅増加となった。とは言え、2019年のサービス系BtoC-EC市場規模は約7.2兆円であり、新型コロナウイルス感染症拡大前の水準までの回復には至っていない。

(オ)【〇】経済産業省は、キャッシュレス決済比率を2025年までに4割程度にするという目標を掲げ、キャッシュレス化を推進している。この目標の実現に向け、キャッシュレス決済比率を定期的に算出・公表している。2021年のキャッシュレス決済比率は、32.5%（参考2020年29.8%）である。

問題
3

①～④の説明文は、高齢社会における CS について述べたものである。
説明の内容が<u>正しいもの</u>を１つ選択しなさい。

① 高齢者は加齢により生活が変化し、求めるサービスも変化するため、これらの変化
に合わせた「次のサービス」を効果的に提供していくことが重要である。一方で、
高齢者向けサービスに対して抵抗を感じる方もいるため、注意が必要である。

② 一般に高齢者の身体的特徴のひとつとして、近くの文字が見えにくくなったり、音
が聞き分けにくくなったりと視聴覚機能の低下が挙げられる。ただし個人差もある
ので、販売やサービスなどの段階では、高齢者の身体的変化に配慮することは不要
である。

③ ユニバーサルデザインとは、高齢者や障がい者などが支障なく自立した日常生活や
社会生活を送れるように、物理的、社会的、制度的、心理的な障壁や情報面での障
壁を除去するという考え方であり、また、それらが実現した生活環境のことをいう。

④ 高齢者の場合、使い慣れたモノを長期間使用する傾向が見られることから、経年劣
化に伴う製品事故により、火災や人身事故など重大な被害を招きやすいことに留意
すべきである。販売店などで高齢のお客様に対しては、使用中の古い製品を探し出
すことを優先し、新しい製品への買い替えを強く勧めることが必要である。

解説 ▼

① 【○】高齢者は加齢により生活が変化し、求めるサービスも変化するため、これらの変化に合わせた「次のサービス」を効果的に提供していくことが重要であり、現在から将来にわたり切れ目なく提供できることが求められる。また、介護を必要とせず、趣味にまい進したり新しいことに意欲的に取り組んだりと、旺盛な意欲をもつアクティブシニア層に対する取り組みも重要な課題となっている。

② 【×】高齢者の身体的変化に配慮することは不要であるとの記述が誤りである。一般に高齢者の身体的特徴のひとつとして、近くの文字が見えにくくなったり、音が聞き分けにくくなったりと視聴覚機能の低下が挙げられる。販売やサービスなどの段階では、そういった高齢者の身体的変化を十分に理解し、商品選択や使い方について配慮する必要がある。

③ 【×】問題文において「ユニバーサルデザイン」を「バリアフリー」に置き換えると正文になる。ユニバーサルデザインとは、高齢者や障がい者だけでなく、文化・言語・国籍の違い、年齢・性別・能力の差異、障がいの有無などにかかわらず、すべての人が使いやすいように施設・製品・情報などを設計することである。

④ 【×】販売店などで高齢のお客様に対しては、使い方に関する丁寧な説明と併せて、古い製品の使用状況および経年劣化状況を確認することなどが望まれるが、使用中の古い製品を優先的に探し出し、むやみに新しい製品への買い替えを強く勧めることは慎むべきである。

CSと関連法規 **問題&解説**
問題集 2

問題 4　（ア）〜（オ）の説明文は、言葉づかいなどについて述べたものである。
説明の内容が正しいものは①を、誤っているものは②を選択しなさい。

（ア）　丁寧語とは、そのまま伝えてしまうと、きつい印象や不快感を与えるおそれがあることをやわらかく伝えるために前置きとして添える言葉で、お客様にお願いごとをしたり、お客様からの依頼をお断りしたりする場合などに使う。「誠に恐縮ですが」は断るときの丁寧語である。

（イ）　お客様に尊敬語を使うべき場合に謙譲語Ⅰを使ってしまったり、逆に身内のことを語るのに謙譲語Ⅰではなく尊敬語を使ってしまったりといった混同に注意しなければならない。「お客様は店長にお目にかかりましたか」は、店員がお客様に尊敬語ではなく、謙譲語Ⅰを使用した不適切な用法である。

（ウ）　尊敬語は、相手やその人側の物、動作、状態などの位置づけを高めて表現するときの敬語である。「食べる」の尊敬語は、「いただく」が一般的である。

（エ）　敬語の間違いが多いとビジネスパーソンとしての信用を失いかねない。ビジネスシーンにおける不適切な用法の例として、「どちらにいたしますか」、「お休みをいただいております」などがある。

（オ）　二重敬語とは、ひとつの言葉に同じ種類の敬語を二重に使用する不適切な用法である。「お召し上がりになられました」や「おいでになられた」という表現は、この二重敬語の例である。

正解　（ア）②　　（イ）①　　（ウ）②　　（エ）①　　（オ）①

解説▼

（ア）【×】問題文において「丁寧語」を「クッション言葉」に置き換えると正
　　文になる。<u>「丁寧語」とは、「です」、「ます」をつけて丁寧な言葉づかいによっ
　　て、相手への敬意を表すもの</u>である。

（イ）【〇】お客様に<u>尊敬語を使った適切な用法は、「お客様は店長にお会いにな
　　りましたか」</u>である。

（ウ）【×】問題文の「食べる」の尊敬語は「召し上がる」が一般的であり、「い
　　ただく」は謙譲語Ⅰである。

（エ）【〇】<u>適切な用法は、「どちらになさいますか」、「休みをとっております」</u>
　　である。

（オ）【〇】<u>適切な用法は、「召し上がりました」、「おいでになった」</u>である。

<table>
<tr><td>問題
5</td><td>（ア）〜（オ）の説明文は、礼儀・マナーの基本などについて述べたものである。
組み合わせ①〜④のうち、説明の内容が<u>誤っているもの</u>の組み合わせを1つ選択しなさい。</td></tr>
</table>

（ア）　応酬話法の1つであるイエス・バット法は、お客様の意見や断り文句をうまく活用し、違う意味や考え方を伝えることで、商談に結びつけていく話法である。お客様が「しつこい」とか「くどい」と感じてしまうこともあるので、お客様の反応に注意しなければならない。

（イ）　電話応対の基本マナーには、声は明るくさわやかに、簡潔明瞭で分かりやすい言葉を使い、用件はメモを取って復唱し、お客様が電話を切ってから受話器を置くことなどがある。

（ウ）　ビジネスシーンにおいては、実は敬語ではないのに、まるで敬語であるかのような使われ方をする言葉があり、注意が必要である。「ご利用になれません」はお客様に対し失礼にあたることがあり、「ご利用できません」が適切な用法である。

（エ）　接客話法のポイントは、お客様からの質問に丁寧に対応して不安や疑問を解消し、お客様の立場になってアドバイスをすることで、気持ちよく購入の意思をもっていただき、満足を与えることである。また、肯定形で話すことなどがその基本的な用法である。

（オ）　お客様の質問や意見などには一定のパターンがあり、それらのパターンに応じた話法が応酬話法である。その目的は商品やサービスを無理に購入させることではなく、お客様が商品やサービスの価値に納得して購入していただけるよう、潜在的なニーズを喚起するためのノウハウであるという点に注意する必要がある。

【組み合わせ】
　①　（ア）と（ウ）
　②　（イ）と（オ）
　③　（ウ）と（イ）
　④　（エ）と（ア）

正解　①

解説▼

（ア）【×】問題文において「イエス・バット法」を「ブーメラン法」に置き換えると正文になる。<u>イエス・バット法は、お客様の意見や主張をまずは受け止め、次にその意見や主張に反論する意見を述べる話法である。</u>一度お客様の意見を受け止めることで、「自分の気持ちを分かってもらえた」という安心感をお客様に与え、その行為によって、お客様の意見や主張に反論する自分の意見を後押ししてくれる。例えば「確かにそうですね。しかし・・・」である。

（イ）【○】<u>電話での応対では、相手の顔が見えず声だけを頼りにしていることから、対面接客時とはまた違った気づかいと配慮が必要である。</u>また間違い電話を受けたときも、相手はすべて大切なお客様という気持ちで、丁寧な応対を心がける。

（ウ）【×】「ご利用できません」はお客様に対し失礼にあたることがあり、<u>「ご利用になれません」が正しい用法である。</u>「利用」に「ご」をつけても尊敬語にならず不自然な日本語となる。お客様に対して「できません」を使用する場合は、利用の行為を尊敬語にして、「ご利用はできません」が適切である。

（エ）【○】お客様は、同じ商品を買うなら気持ちよく買いたいと思っているはずである。そのためにはまず接客において、お客様の持っている不安や疑問を解き、<u>お客様の立場になってアドバイスをすることで、気持ちよく購入の意思を持っていただくことができる。</u>

（オ）【○】<u>応酬話法は商品やサービスを無理に購入させることではなく、お客様が商品やサービスの価値に納得して購入していただけるよう、潜在的なニーズを喚起するためのノウハウである。</u>販売担当者は、お客様が商品やサービスを購入することで豊かな電化生活を送れるようお手伝いをする仕事であり、商品やサービスを無理に購入させることが仕事ではない。

問題 6

（ア）～（オ）の説明文は、販売と不具合発生時における CS について述べたものである。
組み合わせ①～④のうち、説明の内容が<u>正しいもの</u>の組み合わせを1つ選択しなさい。

（ア）　お客様からのクレームを受けた場合には、お客様の話に耳を傾けて誠実な対応を心がけることが重要である。仮に理不尽な要求があったとしても、お客様との関係をこじらせないために、その要求を聞き入れることが CS の基本的な姿勢である。

（イ）　従業員（店員）が、お客様からのクレームに対して真摯に向き合い解決に取り組む体験を重ねることで、対応力という経験（知識、技能）に変えることが可能である。さらには会社（店舗）にとっても貴重な財産となる。不満を抱いたお客様に、遠慮なく不満を指摘してもらえる環境づくりも組織として大切なことである。

（ウ）　店舗などで恒例行事化したイベントは、売上押上効果やお得意様参加率、新規顧客来場者数といった数字による評価にとらわれることなく、継続することが何よりも重要である。

（エ）　お客様の趣味嗜好、その商品に関する知識の程度などにより、お客様が求める説明内容やレベルは異なる。プライバシーに触れない範囲で、お客様がご自身の生活シーンを想起できるように、視認性の高い説明ツールを活用することなどが商品説明のポイントである。

（オ）　ベンチマーキングとは、他の事業者の失敗事例のみを観察・分析し、その失敗の原因を自社にあてはめて、対策を検討するという手法である。同業者だけでなく異業種の事業者のさまざまな失敗事例のみを学び、自社の改善すべき点や取り組むべき課題を検討するものである。

【組み合わせ】
①　（ア）と（イ）
②　（イ）と（エ）
③　（ウ）と（エ）
④　（オ）と（ア）

正解 ②

解説 ▼

(ア) 【×】お客様からのクレームを受けた場合は、ご迷惑をおかけしたことについて謝罪の気持ちをもって、お客様の話に耳を傾けて誠実な対応を心がけることが重要である。ただし、理不尽な要求に対しては、安易に妥協することなく、きぜんと対応することが必要な場合もある。

(イ) 【○】顧客の苦情（クレーム）処理の大切さを示したグッドマンの法則にも示されているが、表立ったクレームがないからと安心してお客様の声（不満）を聞く努力を怠ると、お客様が離れてしまい、取り返しのつかないことになりかねない。不満を抱いたお客様に遠慮なく、不満点を指摘してもらえる環境づくりも組織として大切である。

(ウ) 【×】お得意様との定期的なコミュニケーションの施策として、恒例行事化したイベントであっても、売上押上効果やお得意様参加率、新規顧客来場者数といった総合的な観点で投資効果を評価し、継続の要否を判断することも大切である。

(エ) 【○】接客の際は、お客様の視点に立った分かりやすい商品説明が必要である。問題の説明文に書かれたもの以外にも専門用語や業界用語は極力使用しない、訴求ポイントを分かりやすく箇条書的に説明する、過去モデルとの比較、競合商品との比較など、商品選択の判断材料の提供などが商品説明のポイントである。

(オ) 【×】ベンチマーキングとは、成功している他の事業者の形態やノウハウなどを分析し、自社に適合する形に調整して取り入れるという手法である。同業者だけでなく異業種の事業者の手法を観察することで、最も効果的・効率的な方法（ベストプラクティス）を学び、自社にそのよい点を取り入れるものである。

次の説明文は、リサイクルの取り組みとその関連法規について述べたものである。
（ア） ～ （オ） に当てはまる最も適切な語句を解答欄の語群①～⑩から選択しなさい。

- 家電リサイクル法は、小売業者、製造業者および （ア） による使用済み家電製品の収集・運搬、再商品化等を適正かつ円滑に実施するための措置を講じることにより、特定家庭用機器廃棄物の適正な処理および資源の有効な利用の確保を図ることで、生活環境の保全と国民経済の健全な発展に寄与することを目的に制定された。

- 資源有効利用促進法は、「事業者による製品の回収・再利用の実施などリサイクル対策の強化」、「製品の省資源化・ （イ） 等による廃棄物の発生抑制」、および「回収した製品からの部品などの再使用」の対策を行うことで、循環型経済システムを構築することを目指して制定されたものである。

- パソコンは、 （ウ） の「指定再資源化製品」に指定されている。メーカーによる回収とリサイクルが義務づけられており、3R（リデュース・リユース・リサイクル）の取り組みを行うこととなっている。

- 小型家電リサイクル法の対象品目は、携帯電話、デジタルカメラ、ゲーム機、電子レンジ、扇風機、炊飯器などで、家庭で使われる電気または電池で動く機器が広く対象となっており、再資源化は、 （エ） が実施する。

- 家電製品等の不法投棄は近隣への迷惑になることはもちろん、使用済み家電製品に含まれる有害物質による （オ） など環境にも大きな影響を与えるおそれがある。このため、不法投棄は廃棄物処理法によって固く禁じられている。

【語群】

① 廃棄物処理法　　　　　　　　② 製造業者等

③ 輸入業者　　　　　　　　　　④ 大気汚染

⑤ 国が認定した認定事業者　　　⑥ 長寿命化

⑦ 輸出業者　　　　　　　　　　⑧ 土壌汚染

⑨ 高機能化　　　　　　　　　　⑩ 資源有効利用促進法

正解　（ア）③　（イ）⑥　（ウ）⑩　（エ）⑤　（オ）⑧

解説 ▼

- 家電リサイクル法は、小売業者、製造業者および ［輸入業者］ による使用済み家電製品の収集・運搬、再商品化等を適正かつ円滑に実施するための措置を講じることにより、特定家庭用機器廃棄物の適正な処理および資源の有効な利用の確保を図ることで、生活環境の保全と国民経済の健全な発展に寄与することを目的に制定された。

  また家電リサイクル法は略称で、正式法令名は特定家庭用機器再商品化法であり、2001年4月に施行された。2023年9月現在、エアコン、テレビ（ブラウン管式、液晶・プラズマ式）、冷蔵庫・冷凍庫、洗濯機・衣類乾燥機の4品目が対象機器に指定されている。

- 資源有効利用促進法は、「事業者による製品の回収・再利用の実施などリサイクル対策の強化」、「製品の省資源化・ ［長寿命化］ 等による廃棄物の発生抑制」、および「回収した製品からの部品などの再使用」の対策を行うことで、循環型経済システムを構築することを目指して制定されたものである。

  資源有効利用促進法は循環型社会を形成していくために必要な3R（リデュース・リユース・リサイクル）の取り組みを総合的に推進するための法律である。特に事業者に対して3Rの取り組みが必要となる業種や製品を政令で指定し、自主的に取り組むべき具体的な内容を省令で定めている。

- パソコンは、 ［資源有効利用促進法］ の「指定再資源化製品」に指定されている。メーカーによる回収とリサイクルが義務づけられており、3R（リデュース・リユース・リサイクル）の取り組みを行うこととなっている。

  個人に利用されていたパソコン（家庭系パソコン）と、企業等により事業で利用されていたパソコン（事業系パソコン）のどちらについても、メーカーに回収・リサイクルしてもらうことができる。

- 小型家電リサイクル法の対象品目は、携帯電話、デジタルカメラ、ゲーム機、電子レンジ、扇風機、炊飯器などで、家庭で使われる電気または電池で動く機器が広く対象となっており、再資源化は、 ［国が認定した認定事業者］ が実施する。

  また、小型家電リサイクル法では、消費者から排出された使用済み小型家電は、市町村が回収し、国の認定を受けた認定事業者が再資源化を行う。

- 家電製品等の不法投棄は近隣への迷惑になることはもちろん、使用済み家電製品に含まれる有害物質による ［土壌汚染］ など環境にも大きな影響を与えるおそれがある。このため、不法投棄は廃棄物処理法によって固く禁じられている。

  廃棄物を不法に投棄した人には5年以下の懲役もしくは1千万円以下の罰金または懲役と罰金の両方が科される。

（ア）～（オ）の説明文は、地球環境の保全および省エネルギーに関連した事項について述べたものである。
説明の内容が<u>正しいもの</u>は①を、<u>誤っているもの</u>は②を選択しなさい。

（ア）　多段階評価制度とは、製造業者等が、省エネ法に定められた省エネ性能向上を促すための目標基準（トップランナー基準）を達成しているかどうかを「省エネルギーラベル」に表示する制度である。

（イ）　エネルギー供給強靱化法の施行により、2022年4月から太陽光発電のFIP制度（FIP：Feed-in Premium）がスタートした。FIT制度（FIT：Feed-in Tariff）は価格が一定で、収入はいつ発電しても同じであるが、FIP制度は補助額（プレミアム）が一定で、収入は市場価格に連動する。

（ウ）　カーボンニュートラルとは、温室効果ガスの排出を全体として削減すること、すなわち、化石燃料の使用量を減らすことである。その実現に向けた政策が第6次エネルギー基本計画に盛り込まれている。

（エ）　2021年10月から東京・大阪の外気温度を前提に4人世帯を想定した温水機器の統一省エネラベルが施行された。エネルギー種別（電気、ガス、石油）を問わず、温水機器全体の省エネ性能を同じ基準で評価できる多段階評価点が表示されている。

（オ）　省エネ法におけるエネルギー使用者への間接規制は、機械器具等（自動車、家電製品や建材等）の製造または輸入事業者を対象とし、機械器具等のエネルギー消費効率の目標を示して、その目標の達成を求めている。

正解 （ア）②　（イ）①　（ウ）②　（エ）①　（オ）①

解説▼

（ア）【×】問題文において「多段階評価制度」を「省エネラベリング制度」に置き換えると正文になる。**多段階評価制度とは、当該製品の省エネ性能が、市場に供給されている機器の中でどこに位置づけられているかを表示する制度である。**省エネ性能の高い順に「5.0 から 1.0 までの 0.1 きざみの評価（41 段階）」の多段階評価点を表示する。

（イ）【〇】**FIP 制度とは、再エネ発電事業者が卸市場などで売電したとき、その売電価格に対して一定のプレミアム（補助額）を上乗せする制度である。**そのプレミアム（補助額）は一定のため、収入は市場価格に連動する。再エネ発電事業者はプレミアムをもらうことによって再エネへ投資するインセンティブが確保される。さらに、FIT 制度と違い市場価格が高いときに売電する工夫をすることで、**蓄電池の活用などでより収益を拡大できるというメリットがある。**

（ウ）【×】**カーボンニュートラルとは、温室効果ガスの排出を全体として削減することではなく、ゼロとすることであり、また化石燃料の使用量を減らすのではなく、温室効果ガスの排出量から吸収量と除去量を差し引いた合計をゼロとする概念である。**第 6 次エネルギー基本計画では安全性の確保を大前提に、気候変動対策を進める中でも、安定供給の確保やエネルギーコストの低減に向けた取組を進めるという S ＋ 3E の大原則をこれまで以上に追求することなどの政策がまとめられた。

（エ）【〇】温水機器は使用する条件によってエネルギー料金が大きく変わるため、**地域および世帯人数に応じた年間目安エネルギー料金を算出するための Web ページを作成し、ラベル上に当該 Web ページの QR コードを掲載する**ことで、小売り事業者等や消費者が容易に情報を取得し、比較できるようにした。

（オ）【〇】機械器具等（自動車、家電製品や建材等）に、エネルギー消費効率を可能な限り高めるため、機器等のエネルギー消費効率基準の策定方法にトップランナー方式を採用した**トップランナー制度による省エネ基準が導入された。**省エネ法において、この措置は製造事業者等の努力義務として判断基準が示され、機器等のエネルギー消費効率の向上努力を求めている。

問題 9

（ア）～（オ）の説明文は、消費者とのコミュニケーションに際し留意すべき法規について述べたものである。

説明の内容が<u>正しいもの</u>は①を、<u>誤っているもの</u>は②を選択しなさい。

（ア）　特定商取引法では、消費者が契約を申し込み、または契約をした後であっても、法律で定められた書面を受け取ってから一定期間内であれば、消費者は事業者に対し契約を解除することができるとされている。これをクーリング・オフという。なお、クーリング・オフは通信販売にも適用される。

（イ）　特定商取引法には、「送り付け商法」への対策がある。例えば、売買契約の申し込みも締結もなく、事業者が金銭を得る目的で一方的に送付してきた身に覚えのない商品には、代金を支払う必要がないことなどが明示されている。ただし、受け取った商品は送り返す必要がある。

（ウ）　2020年に施行された改正民法における「契約不適合責任」では、買主は「損害賠償請求」と「契約の解除」に加え、新たに「追完請求」と「代金減額請求」などができるようになった。

（エ）　民法における「債務不履行責任」では、約束（契約）したにもかかわらずこれが履行されない場合には、損害賠償を請求できるとされている。また現在、人の生命または身体が侵害された場合には、その請求権の権利行使期間が長期化される特例が設けられている。

（オ）　特定商取引法の取引類型の１つである通信販売とは、新聞、雑誌、テレビ、インターネットなどで広告し、郵便、電話などの通信手段により申し込みを受ける取引のことである。ただし、インターネット・オークションは買主が価格を決めることから、通信販売には含まれない。

正解　（ア）　②　　（イ）　②　　（ウ）　①　　（エ）　①　　（オ）　②

解説▼

（ア）【×】特定商取引法では、消費者が契約を申し込み、または契約をした後であっても、法律で定められた書面を受け取ってから一定期間内であれば、消費者は事業者に対し契約を解除することができるとされている。これをクーリング・オフという。ただし通信販売には、クーリング・オフは適用されない。

（イ）【×】売買契約に基づかず一方的に送り付けられた商品は直ちに処分することができ、送り返す必要はない。さらには、処分したことを理由に代金の支払を請求され、誤って金銭を支払ってしまった場合、事業者に対して、その誤って支払った金銭の返還を請求することが可能である。

（ウ）【○】改正民法では、「瑕疵担保責任」の概念がなくなり、「契約内容に適合しているかどうか」が焦点となる「契約不適合責任」という新たな責任が売主に課せられた。また、「瑕疵担保責任」ではできなかった「追完請求」と「代金減額請求」などができるようになった。

（エ）【○】権利行使期間は、通常「権利を行使できると知った時から5年以内かつ権利を行使できる時から10年以内」であるのに対し、人の生命または身体が侵害された場合には「権利を行使できると知った時から5年以内かつ権利を行使できる時から20年以内」と長期化されている。

（オ）【×】特定商取引法の取引類型の1つである通信販売には、一般的にインターネット・オークションなども含まれる。

問題
10

（ア）～（オ）の説明文は、消費者とのコミュニケーションに際し留意すべき法規について述べたものである。
説明の内容が<u>正しいもの</u>は①を、<u>誤っているもの</u>は②を選択しなさい。

（ア）2022年４月に施行された改正個人情報保護法では、個人情報に関する権利保護が強化された。改正前は６か月以内に消去されるデータは保有個人データに含まれなかったが、消去される前に漏えいが発生すれば回復困難な損害が生じる可能性があるため、６か月以内に消去されるものも保有個人データに含まれることになった。

（イ）個人情報取扱事業者は、あらかじめ本人の同意を得ないで個人データを第三者に提供してはならないと定められている。たとえ生命や財産の保護が必要となるような製品の重大な欠陥により、製造事業者から購入者情報の提供を求められても、販売事業者は購入者本人の同意がない限り、それらの情報を提供してはならない。

（ウ）家庭用品品質表示法では、家電製品は電気機械器具として、エアコンディショナー、電気洗濯機など17品目について、それぞれの品目ごとに品質に関する表示、使用上の注意の表示、表示した者の氏名または名称の表示などが規定されている。

（エ）デジタル社会形成整備法は、個人情報保護制度の見直し、マイナンバーを活用した情報連携の拡大等による行政手続の効率化、マイナンバーカードの利便性の抜本的向上など、デジタル社会の形成に関する施策を実施するため、関係法律について所要の整備を行うものである。

（オ）消費税法では、店頭表示価格などの総額表示義務が復活したが、支払い総額の表示だけでなく消費税額もしくは税抜価格を併記しなくてはならないとされている。

正解　（ア）①　（イ）②　（ウ）①　（エ）①　（オ）②

解説▼

（ア）【○】個人情報に対する意識の高まり、技術革新を踏まえた保護と利用のバランス、個人情報が大量に利活用される時代における事業者責任のあり方および越境移転データの流通増大に伴う新たなリスクへの対応などの観点から、個人情報保護法の2022年改正では、本人の権利保護の強化、事業者の責務の追加、データの利活用の促進、法令違反の罰則の強化などが盛り込まれた。

（イ）【×】個人情報取扱事業者には、あらかじめ本人に同意を得ないで、個人データを第三者に提供してはならないと定められている。ただし、生命や財産の保護が必要となるような場合に、本人からの同意を得ることが困難なときには、例外規定の適用を受ける。

（ウ）【○】規定された表示事項・付記事項は、家庭用品1台ごとに消費者の見やすい箇所に分かりやすく表示することになっており、例えば電気冷蔵庫では扉の内側に表示することが多い。

（エ）【○】デジタル社会形成整備法は、デジタル社会形成基本法に基づき、デジタル社会の形成に関する施策を実施するため、個人情報保護法などの関係法律について所要の整備を行うものである。個人情報の保護に関する法律においては、個人情報保護法、行政機関個人情報保護法、独立行政法人等個人情報保護法の3本の法律を1本の法律に統合する。

（オ）【×】消費税法では、店頭などでの表示価格は、支払い総額が表示されていれば、消費税額や税抜価格は併記する必要がない。ただし、併記されていても構わない。

対象となる価格表示は、商品本体による表示（商品に添付または貼付される値札等）、店頭に置ける表示、チラシ広告、新聞・テレビによる広告など、消費者に対して行われる価格表示であれば、表示媒体を問わず総額表示が義務づけられている。

問題 11　（ア）～（オ）の説明文は、知的財産の保護について述べたものである。説明の内容が<u>正しいもの</u>は①を、<u>誤っているもの</u>は②を選択しなさい。

（ア）　商標法は、商標を独占権として保護することにより、商品・サービスの混同が発生するのを防止して、自由競争の秩序を維持し、商標使用者の業務上の信用の維持を図ろうとするものであり、あわせて需要者の利益を保護するという役割を担っている。

（イ）　不正競争防止法では、消費動向データや人流データといった企業の商品開発や観光ビジネスなどに有用で価値のあるデータのうち、一定の要件を満たしたデータを「限定提供データ」とし、そのデータに対して悪質性の高いデータの不正取得・不正使用などを不正競争行為と位置づけている。

（ウ）　インターネット上に無断で公開された著作物と知りながら、その著作物をダウンロードする行為について、全著作物を対象に違法とする著作権法の改正が 2021 年 1 月に施行された。従来は音楽のみが違法であったが、この改正で映画も違法ダウンロードの対象となった。

（エ）　A社を退社しライバル企業のB社に再就職する際に、A社の営業秘密として管理されている情報を持ち出し、転職先のB社で開示・利活用する行為は著作権法の「営業秘密の侵害」にあたる。

（オ）　放送番組のインターネット同時配信等には、権利上の観点などから、動画や静止画の一部を他の画像に差し替えるなどの「フタかぶせ」問題がある。この問題に対して、権利処理の円滑化を可能とする措置を講じた改正著作権法が 2022 年に施行された。

正解 （ア）① 　（イ）① 　（ウ）② 　（エ）② 　（オ）①

解説▼

（ア）【〇】商標法における「類似」とは、外観類似、称呼（発音）類似、観念（意味）類似のいずれかに該当する場合であるが、<u>商標が類似であっても、使用する商品・サービスが同じか類似するものでなければ、基本的には商標権侵害にはならない</u>。

（イ）【〇】IoT や AI の普及により、価値のあるデータが利活用されるようになったが、創作性が認められる情報を保護する著作権法の対象とならないため、その不正流通を法的に差し止めることは困難であった。<u>2019 年 7 月施行の改正不正競争防止法では、有用で価値のあるデータのうち一定の要件を満たしたデータを「限定提供データ」として、そのデータに対して悪質性の高いデータの不正取得・不正使用などを不正競争防止法に基づく不正競争行為と位置づけた</u>。

（ウ）【×】「改正で映画も違法ダウンロードの対象となった」が誤りである。従来は音楽や映像（映画も含まれる）などに限られていたが、<u>改正著作権法では漫画や雑誌、論文なども違法ダウンロードの対象となった</u>。

（エ）【×】以前勤めていた会社の営業秘密として管理された情報を再就職したライバル企業で開示・利活用することは、「営業秘密の侵害」にあたるのは事実であるが、これは<u>不正競争防止法違反であり、著作権法違反ではない</u>。

（オ）【〇】放送番組のインターネット同時配信等について、放送と同様の円滑な権利処理を実現させるべく、著作権法の一部を改正する法律が 2022 年 1 月に施行された。<u>改正のポイントは、著作権制度に起因する「フタかぶせ」（権利処理未了のために生じる映像の差替えなど）を解消することである</u>。

問題 12

（ア）〜（オ）の説明文は、「独占禁止法」および「景品表示法」などに関連した事項について述べたものである。
説明の内容が<u>正しいもの</u>は①を、<u>誤っているもの</u>は②を選択しなさい。

（ア）　昨今、デジタルプラットフォームと呼ばれる内外の巨大 IT 企業が市場に対して大きな影響力をもっている。こうした企業の取り引きの透明性や公正性の向上を図るために、デジタルプラットフォーム取引透明化法が 2021 年 2 月に施行された。

（イ）　流通・取引慣行ガイドラインでは、一定の基準を満たす流通業者に限定して商品を取り扱わせようと、それ以外への転売を禁止するいわゆる選択的流通に関して規定されている。選択的流通は、たとえ消費者利益の観点から合理性があり、設定基準が全流通業者に同等に適用される場合でも、独占禁止法に抵触する可能性が高い。

（ウ）　家電業界の小売業表示規約には、特定用語の使用基準がある。チラシなどの表示で、最上級および優位性を意味する「最高」、「最安」などの用語は、いずれも客観的事実に基づくもの以外は使用してはならないと規定されている。

（エ）　独占禁止法では、実際のものよりも取り引きの相手方に著しく優良または有利であると誤認される表示を禁止している。例えば、「他社商品の 1.5 倍の量」と表示しているが、実際は他社商品と同程度の内容量しかない場合などは優良誤認表示に該当する。

（オ）　「家庭用電気製品の流通における不当廉売、差別対価等への対応について」では、小売業者が商品を販売する際に消費者に対して提供する、販売価格の減額に充当できるポイントについて、このようなポイントの提供は、例外はあるが、一般的に値引きと同等の機能を有すると認められている。

正解　（ア）①　　（イ）②　　（ウ）①　　（エ）②　　（オ）①

解説▼

- （ア）【○】デジタルプラットフォーム取引透明化法では、デジタルプラットフォームのうち、特に取り引きの透明性・公正性を高める必要性の高いプラットフォームを提供する事業者を「特定プラットフォーム提供者」として指定し、規制の対象としている。

- （イ）【×】流通・取引慣行ガイドラインでは、一定の基準を満たす流通業者に限定して商品を取り扱わせようと、それ以外への転売を禁止するいわゆる「選択的流通」について、消費者の利益の観点からそれなりの合理性があり、その設定基準がすべての流通業者に同等に適用される場合には、問題とならないとされている。

- （ウ）【○】小売業表示規約は、不当な顧客の誘引を防止し、一般消費者による自主的かつ合理的な選択及び事業者間の公正な競争秩序を確保することを目的として、小売事業者が販売に際する表示に関する事項を規定している。

- （エ）【×】問題文において「独占禁止法」を「景品表示法」に置き換え、「優良誤認表示」を「有利誤認表示」に置き換えると正文になる。景品表示法では、競争事業者に係るものよりも、取り引きの相手方に著しく有利であると誤認される表示を禁止している。例えば、「他社商品の1.5倍の量」と表示しているが、実際は他社商品と同程度の内容量しかない場合などは有利誤認表示に該当する。

- （オ）【○】ポイントを利用する消費者の割合、ポイントの提供条件、ポイントの利用条件といった要素を勘案し、ポイントの提供が値引きと同等の機能を有すると認められない場合もある。

問題
13

①～④の説明文は、製品安全に関する法規などについて述べたものである。
説明の内容が<u>誤っているもの</u>を１つ選択しなさい。

① 電気用品安全法の技術基準では、一般家庭で日常的に使用されるすべての電気製品
の電源プラグには、耐トラッキング性が義務づけられている。ただし、プラグ刃を
製品本体に直接埋め込んだダイレクトプラグイン機器や、温水洗浄便座などに使用
されている差込形の漏電遮断器は、構造上その対象外とされている。

② 消費生活用製品の使用に伴う製品事故のうち、死亡事故、重傷病事故、後遺障害事
故、一酸化炭素中毒事故や火災等が発生した場合には、重大製品事故として消費生
活用製品安全法で対応が規定されている。

③ リチウムイオン蓄電池が組み込まれたポータブルリチウムイオン蓄電池（いわゆる
モバイルバッテリー）は、電子機器類の外付け電源として用いられるリチウムイオ
ン蓄電池そのものであると見なされることから、電気用品安全法の規制対象である
PSE マークの表示が義務づけられている。

④ ツーリストモデルを国内で製造または輸入する事業者は、「外国向けであり、日本
国内仕様ではない」旨を表示するとともに「日本人外国旅行者、外国人観光客のみ
やげ用にのみ販売でき、それ以外の販売は法に違反する」旨を明記した誓約書を小
売販売事業者と取り交わすことが求められる。

正解 ①

解説 ▼

① 【×】電気用品安全法の技術基準では、一般家庭で日常的に使用されるすべ
ての電気製品の電源プラグには、耐トラッキング性が義務づけられている。プ
ラグ刃を製品本体に直接埋め込んだダイレクトプラグイン機器や、温水洗浄便
座などに使用されている差込形の漏電遮断器などもその対象である。

② 【〇】製品事故とは、消費生活用製品の使用に伴い発生した事故のうち、①
一般消費者の生命または身体に対する危害が発生した場合や、②諸費生活用製
品が消滅し、または毀損した事故であって、一般消費者の生命または身体に対
する危害が発生するおそれのあるものである。

③ 【〇】ポータブルリチウムイオン蓄電池（いわゆるモバイルバッテリー）は
経済産業省「電気用品の範囲等の解釈について（通達）」の中で、電気用品安
全法の規制対象と明示している。輸入事業者等が国に届出を行い、技術基準等
を満たしていることを確認し、PSEマークおよび届出事業者の名称等の表示
した製品でなければ、国内で販売することはできない。

④ 【〇】例外承認申請事業者に対しては、販売に当たって取決めた申請内容等
について販売事業者と誓約書を締結する（もしくは通知する）、当該申請内容
等の措置が確実に実行されているかを定期的に確認し、経済産業省へ報告する
などの厳正な措置を課すとともに、必要に応じて例外承認申請事業者及び販売
事業者に対し当該申請内容等の措置の実施状況につき確認をする。

①～④の説明文は、製品安全に関する法規などについて述べたものである。
説明の内容が<u>誤っているもの</u>を１つ選択しなさい。

① 製造物責任法（PL法）とは、製品の欠陥によって生命、身体、財産に損害を被ったことを証明した場合に、被害者はその製品の製造業者などに対して損害賠償を求めることができる法律である。製品の欠陥ではないが、修理サービスや設置工事などに欠陥があった場合も同法の対象となる。

② 電波法における技適マークは、製品の本体、銘板やディスプレイ上などに表示することができる。さらに、技適マークを取得したモジュールが製品に組み込まれている場合でも、モジュールの技適マークをその製品に表示することが認められている。

③ 電気工事士の資格が不要な軽微な工事は、火災感知器や豆電球その他これらに類する施設に使用する小型変圧器（二次電圧が36ボルト以下のものに限る）の二次側の配線工事などで、電気工事士法施行令にて定められている。

④ 無人航空機を夜間（日没から日出まで）に飛行させる場合には、条例や法律などにより飛行を禁止されている空域でなくても、基本的に、安全面の措置をしたうえで国土交通大臣の承認を受ける必要がある。

解説 ▼

① 【×】製造物責任法（PL法）とは、製品の欠陥によって生命、身体または財産に損害を被ったことを証明した場合に、被害者はその製品の製造業者などに対して損害賠償を求めることができる法律である。ただし、製品の欠陥ではない修理サービス、設置工事などの欠陥による損害や、製品自体に留まる損害は同法の対象ではない。

② 【○】スマートフォンは特定無線設備（電波法）と端末機器（電気通信事業法）とに該当する製品のため両方の認証が必要である。技適マークは、それぞれの法令に基づく認証番号とともに表示することになっている。多くの場合、製品の本体や銘板に表示されているが、製品のディスプレイ上に表示することも認められている。

③ 【○】電気工事士等の資格が不要な軽微な工事を要約して全体を解説すると以下のとおりである。
1）ソケットやローゼットなどの受け口（接続器）に電線を接続する工事及びブレーカーなどの開閉器の二次側に機械装置などのコードの接続、2）蓄電池（端子の接続）の中でも600V以下のもののねじ止め、3）ブレーカーやヒューズで600V以下で使用するものの取り付け・取り外し、4）二次側電圧36V以下のインターホーン、火災報知器の二次側配線、5）電線を支持する柱・腕木の設置・変更

④ 【○】無人航空機は航空法において「日出から日没までの間において飛行させること」とされており、それ以外の時間帯となる夜間の飛行は規制されている。夜間において無人航空機を飛行させるためには、国土交通大臣の承認が必要である。また機体・操縦者・安全確保体制に関する基準が定められている。

問題 15

解答欄の（ア）～（オ）の説明文は、家電製品に関する表示および図記号について述べたものである。

説明の内容に該当する<u>最も適切なもの</u>を下記の表示および図記号群①～⑩から選択しなさい。

（ア）　製品の取り扱いについて、指示に基づく行為を強制するために用いる図記号で、安全アース端子付きの機器の場合、使用者にアース線を必ず接続するように指示するマークである。

（イ）　J-Moss 対象の電気冷蔵庫、電子レンジなど7製品について、特定化学物質の含有率が基準値以下か除外項目である場合に表示できるマークである。

（ウ）　防水処理のない製品を水がかかる場所で使用したり、水にぬらすなどして使用したりすると、漏電によって感電や発火の可能性があることを示す禁止図記号である。

（エ）　製品を分解することで感電などの傷害が起こる可能性を示す禁止図記号である。

（オ）　電気用品安全法を補完するため、第三者の認証機関によって電気用品安全法の技術基準などに適合していることを証するマークである。

【表示および図記号群】

解説 ▼

① 電気・電子機器の特定の化学物質の含有表示（J-Moss）に基づく表示マークで、機器に含まれる算出対象物質の含有率が基準値を超えていることを示す。

② 製品の取り扱いにおける注意を喚起するマークで、特定の条件において感電の可能性を示す注意図記号である。

③ モーター、ファンなど回転物のガードを取り外すことによって起こる傷害の可能性を示す注意図記号である。

④ J-Moss 対象の電気冷蔵庫、電子レンジなど7製品について、特定化学物質の含有率が基準値以下か除外項目である場合に表示できるマークである。

⑤ 製品をぬれた手で扱うと感電する可能性があることを示す禁止図記号である。

⑥ 産業標準化法に基づき、国に登録された登録認証機関から認証を受けた事業者が、認証を受けた製品またはその包装などに表示できるマークである。

⑦ 電気用品安全法を補完するため、第三者の認証機関によって電気用品安全法の技術基準などに適合していることを証するマークである。

⑧ 製品の取り扱いについて、指示に基づく行為を強制するために用いる図記号で、安全アース端子付きの機器の場合、使用者にアース線を必ず接続するように指示するマークである。

⑨ 防水処理のない製品を水がかかる場所で使用したり、水にぬらすなどして使用したりすると、漏電によって感電や発火の可能性があることを示す禁止図記号である。

⑩ 製品を分解することで感電などの傷害が起こる可能性を示す禁止図記号である。

一般財団法人 家電製品協会認定の
「家電製品アドバイザー試験」について

　一般財団法人 家電製品協会が資格を認定する「家電製品アドバイザー試験」は次により実施しています。

1．一般試験

1）受験資格

特に制約はありません。

2）資格の種類と資格取得の要件

① 家電製品アドバイザー（AV 情報家電）

「AV 情報家電 商品知識・取扱」および「CS・法規」の２科目ともに所定の合格点に達すること。

② 家電製品アドバイザー（生活家電）

「生活家電 商品知識・取扱」および「CS・法規」の２科目ともに所定の合格点に達すること。

③ 家電製品総合アドバイザー

「AV 情報家電 商品知識・取扱」、「生活家電 商品知識・取扱」および「CS・法規」の３科目ともに所定の合格点に達すること。

〈エグゼクティブ等級（特別称号制度）〉

上記①～③の資格取得のための一般試験において、極めて優秀な成績で合格された場合、①と②の資格に対しては「ゴールドグレード」、③に対しては「プラチナグレード」という特別称号が付与されます（資格保有を表す「認定証」も特別仕様となります）。

3）資格の有効期限

資格の有効期間は、資格認定日から「５年間」です。

ただし、資格の「更新」が可能です。所定の学習教材を履修の上、「資格更新試験」に合格されますと新たに５年間の資格を取得できます。

4）試験の実施概要

①試験方式

CBT 方式試験で実施しています。

※CBT（Computer Based Testing）方式試験は、CBT 専用試験会場でパソコンを使用して受験するテスト方式です。

②実施時期と受験期間

毎年、「３月」と「９月」の２回、試験を実施しています。それぞれ、約２週間の受験期間を設けています。

③会　　場

全国の CBT 専用試験会場にて実施しています。

④受験申請

　3月試験は1月下旬ごろより、9月試験は7月下旬ごろより、家電製品協会
認定センターのホームページ（https://www.aeha.or.jp/nintei-center/）
から受験申請の手続きができます。

注）上記の②、③、④については、感染症の状況などにより変更する場合があ
　　ります。最新の情報については、認定センターのホームページをご参照く
　　ださい。

5）試験科目免除制度（科目受験）

受験の結果、（資格の取得にはいたらなかったものの）いずれかの科目に合格された場合、その
合格実績は1年間（2回の試験）留保されます（再受験の際、その科目の試験は免除されます）。
したがって、資格取得に必要な残りの科目に合格すれば、資格を取得できることになります。

2．エグゼクティブ・チャレンジ

　既に資格を保有されている方が、前述の「エグゼクティブ等級」の取得に挑戦していただける
ように、一般試験の半額程度の受験料で受験していただける「エグゼクティブ・チャレンジ」
という試験制度を設けています。ぜひ、有効にご活用され、さらなる高みを目指してください。
なお、試験の内容や受験要領は一般試験と同じです。

　以上の記述内容につきましては、下欄「家電製品協会 認定センター」のホームページにて詳し
く紹介していますので併せてご参照ください。

資格取得後も続く学習支援

〈資格保有者のための「マイスタディ講座」〉
　家電製品協会 認定センターのホームページの「マイスタディ講
座」では、資格を保有されている皆さまが継続的に学習していただ
けるように、毎月、教材や情報の配信による学習支援をしています。

一般財団法人 家電製品協会　認定センター
〒100-8939　東京都千代田区霞が関三丁目7番1号 霞が関東急ビル5階
電話：03（6741）5609　　FAX：03（3595）0761
ホームページURL　https://www.aeha.or.jp/nintei-center/

●装幀／本文デザイン：
　　稲葉克彦
●ＤＴＰ：
　　稲葉克彦
●編集協力：
　　秦 寛二

家電製品協会　認定資格シリーズ
家電製品アドバイザー資格 問題＆解説集 2024年版

2023 年 12 月 10 日　　第 1 刷発行

編　者　一般財団法人 家電製品協会
　　　　©2023　Kaden Seihin Kyokai
発行者　松本浩司
発行所　NHK出版
　　　　〒150-0042　東京都渋谷区宇田川町 10 － 3
　　　　TEL 0570-009-321（問い合わせ）
　　　　TEL 0570-000-321（注文）
　　　　ホームページ　https://www.nhk-book.co.jp
印　刷　新藤慶昌堂／大熊整美堂
製　本　三森製本